居家空間
整理全書

LOVE
YOUR
HOME
AGAIN

安萊·特福
凱特·波洛斯基

前言
準備好再次愛上你的家

十年前創辦「Done & Done home」這間專業整理及搬遷管理事業時，我們對未來一無所知，只知道一起工作與為他人服務，就是最快樂的事。在那些漫長日子裡，充滿了艱辛的體力勞動，然而，從中我們發現了令自己深刻滿足的事：當我們完成工作，離開客戶的家時，發現那裡變得比以前更美好。或許這只是一種自我感覺，然而，最終成了我們公司的精神。我們相信，若你從一個充滿輕鬆、美好、歡笑與盼望的家中出發，踏入外面的世界，能量就會有正向變化，而這種改變可以透過有效的居家管理系統達成，長久以來，我們也一直努力為成千上萬的客戶實現此一目標。

網路上和雜誌裡漂亮的居家實景圖片總能輕易吸引眾人的目光，但若將其與自家環境相比，期望與現實之間的差距，也給許多人帶來壓力。有些人或許會意識到，缺乏效率、雜亂無章、非系統化的居家環境是問題的一部分，但是卻不知道如何解決問題；我們喜歡賞心悅目的網美風櫥櫃和衣帽間，甚至想要購買，然而，同時我們也知道，只要能輕鬆地找到衣物、準時出門，我們應該能擁有同等的滿足。

我們認為，整理不僅是為了整理。對所有人來說，最重要的是打造並落實能夠讓居家環境運作順暢的系統，如此我們才有時間完成更有意義的事，例如陪伴家人、運動、睡覺、烹飪、玩耍和閱讀。在本書中每個居家空間的標題，我都會加上屬於這些地方的使用目標，讓各位能更有動力進行整理。

近十年來，我們不斷協助人們脫離居家環境災難，從中累積了大量關於如何落實各種系統的知識，幫助客戶的家順利運作，進而使生活更美好。

我們剛搬進新房子時，對每個空間都有明確的目標：臥室應該寧靜舒適，餐廳要適合招待親朋好友，廚房是料理美食的地方，但也要功能齊全、易於管理。然後，隨著時光流逝，各種混亂隨之而來。抽屜、櫃子、櫥櫃處處爆滿，連收納都變得困難。生活裡的日常雜務佔滿閒暇時間，窩在家裡的快樂消失無蹤。

在《居家空間整理全書》中，我們要傳授一套現代化、有效並且容易執行的居家管理方式。儘管有些居家問題來自數十年的累積，我們將證明：沒有無藥可救的家。沒有人願意把所有閒暇時光都來做家事，透過我們的系統化清理、整理與維持方式，各位可以再也不用經歷這樣的生活了。

我們將一一指導必要的步驟，解決多餘物品背後的問題，教導如何清除家中不需要的物品，並為你制訂計畫，以全面設想、環保永續的方式，購置未來可能想要或需要的新物品。

你還記得在搬進新家之前，曾經對「家」抱有什麼樣的夢想嗎？我們將會說明，如何將夢想中的生活與你（及家人）實際的生活方式融合在現有的家裡。例如，餐廳是招待客人的好地方，然而，如果能有足夠的儲物空間和整理系統，餐廳還可以改裝成工作室或居家辦公室。我們迫不及待地想帶領你重新發現夢想中的居家。

前言 / 5

前言
準備好再次愛上你的家 2

為夢想居家做準備
開始整理之前的重要觀念與訣竅 9

◆廚房
擁有井然有序的料理空間 19

你是如何使用廚房？
思考廚房物品的分類與去留
讓廚房空間運作順暢的方法
/ Column /
廚房裡的「充分擁有」理念實踐哲學

◆臥室
整潔無雜物的休憩空間 47

你是如何運用及規劃臥室？
思考臥室物品的分類與去留
讓臥室與衣櫥運作順暢的方法
/ Column /
在臥室的「充分擁有」理念實踐哲學

◆衛浴
乾淨又好打理的放鬆空間 71

你是如何使用衛浴？
思考衛浴物品的分類與去留
讓衛浴空間運作順暢的方法
/ Column /
衛浴裡的「充分擁有」理念實踐哲學

Contents

◆玄關
有效運用儲物收納空間，
讓進出家門順暢愉悅　85

你是如何使用玄關？

思考玄關物品的分類與去留

讓玄關運作順暢的方法

/ Column /

在玄關的「充分擁有」理念實踐哲學

◆客廳
為相聚、歡慶而存在的
舒壓空間　101

打造你鍾愛的客廳空間

你是如何使用客廳？

思考客廳物品的分類與去留

讓客廳運作順暢的方法

/ Column /

客廳裡的「充分擁有」理念實踐哲學

◆洗衣間
讓家務輕鬆省心的
高效率空間　119

打造你喜歡的洗衣間

你是如何使用家中的洗衣間？

思考洗衣間物品的分類與去留

讓洗衣間運作順暢的方法

/ Column /

在洗衣間的「充分擁有」理念實踐哲學

◆兒童臥室與遊戲區
培養創造力與獨立性的
娛樂空間　139

孩子如何使用屬於他們的空間？

思考兒童臥室與遊戲區物品的分類與去留

兒童臥室與遊戲區順利運作的方法

/ Column /

在兒童臥室與遊戲區的「充分擁有」理念實踐哲學

◆書房
大幅提升工作效能的
多功能空間　161

你是如何使用書房？

思考書房物品的分類與去留

讓書房順利運作的方法

/ Column /

在書房的「充分擁有」理念實踐哲學

◆儲藏空間
階段性調整功能的
獨立置物空間　185

你是如何使用儲藏空間？

思考儲藏空間的物品分類與去留

讓儲藏空間順利運作的方法

/ Column /

在儲藏空間的「充分擁有」理念實踐哲學

為夢想居家做準備

開始整理之前的重要觀念與訣竅

書中出現的詞彙

- **充分擁有：**

當我們使用這個詞彙時，是指購買你能負擔得起的最佳品質物品，**我們稱之為「有意識的投資」，並且學會維護你所擁有的物品，好讓它們能更好運作且用得更久，也就是所謂的「用心維護」**。你可能會花費更多錢在單個物件上，但最終你會持有更少的物件。這樣的理念不僅是為了你的家，也是為了我們的地球。在本書中的所有指導都將基於這份整理哲學展開。

- **好轉之前的黑暗期：**

想要進行正確的清理，就得經歷這種混亂狀況，因為你需要把所有東西都拿出來，進行適當的分類。你正在處理的那個房間，絕對會像遭到轟炸一樣。沒關係！堅持下去就對了。在清理好第一個房間、收拾起所有物品並恢復正常工作秩序之前，千萬不要又跑到另一個房間整理。

- **沉沒成本：**

這是指已經花掉，無法收回的金錢。這筆消費已經花掉了，執著於此不會帶來更多價值。家中之所以有多餘物品，都是因為我們購買了不需要的東西，後來又擔心未來哪天會派上用場而遲遲無法丟棄。實際上，我們都過於謹慎，因此保留了太多物件，例如在廚房裡，我們不太會丟掉以後想用或可能會用到的東西，像是蛋糕模，你認為它有必要性嗎？如果只是單次使用，其實用借的就好，或是用手邊已有的平底鍋代替也可以。

- **囤積者：**

我們把捨不得丟東西的人稱作「囤積者」，因為「囤積症」聽起來很嚴重，也會令人聯想到需要專業醫療來處理潛在心理健康問題的狀況。有些人會說自己或家人有囤積症，但其實多半只是出於對自己或家人擁有過多雜物感到沮喪罷了。如果透過專業整理便能改善囤積情況，就表示這只是一種想要保存的物品多於居住空間合理容納量的傾向；但假如是完全失控，整理專家又無法幫上忙的情況，可能就意味著需要由心理諮商師介入處理。如果你的目的是打破根深蒂固的囤積習慣，只要跟著我們系統化整理，你也可以做到。

- **永久保存：**
  這個詞彙是用來形容你想保留的具有個人意義的紀念品。這些東西沒有實際用途，但它們就像是你過去所到之處的地圖，經常讓你想起那些對你重要的人和地點。面對這些收藏品，最重要的是定期整理，並將它們存放在適當的容器中，以免損壞。

最佳策略

- **將物品從原來的位置移開：**
  所有物品都有個傾向，就算你不需要、不使用甚至不喜歡，物件就是會留在原本的地方。還記得牛頓第一運動定律嗎？靜止的物體會保持靜止，除非受到不平衡力的作用，這個不平衡力就是你。爆滿的衣櫃與塞滿不知該放哪的雜物的抽屜，在你終於決定讓它們失去平衡之前，年復一年，它們都會保持這個狀態。如果你希望抽屜與衣櫃能有效地發揮功能，你得徹底清空它們，這樣你才能清楚知道裡面有些什麼，移開不再需要的物品，或重新找到適合的放置處。

• **物以類聚：**

務必將同類物品存放在一起。將物品分門別類，甚至做出更細緻的小分類後，就能馬上看出哪裡發生混亂。例如，把你所有的毛衣集中在一起，接著依照材質或款式，將它們再區分成小分類。假如你擁有十件條紋棉質毛衣，但實際上有在穿的只有五件，那麼這就是需要調整之處。一大堆牛仔褲可能看起來沒那麼糟，然而，當我們照顏色將它們分類：深色、淺色、黑色、灰色與白色，然後再按褲管的寬度和長度細分，你就能迅速判斷深色緊身牛仔褲是否還適合你，還是應該送人了。

• **嚴守錢包：**

意思是防止自己不停地買買買。隨時隨地，只要你能踩下剎車，就會發現居家環境在未來更容易打理。不論在網路上或實體商店購物時，就算只是雜貨店，也得放慢腳步問問自己：每件想買回家的物品，以後都會用得上嗎？或許可以試著從你的購物車裡拿出幾樣東西，你會發現不買東西有多容易。

• **奉行少一成原則：**

當家中的空間感覺擁擠時，很可能意味著東西太多了。有些人會以為必須像極簡主義者清理掉所有物件而不知所措。其實大可不必，只要能夠將同類別的物品減少一成，就能發現巨大的差異。不僅讓你更迅速找到物品，也更容易把物件收好。

• **明智地捐贈：**

我們都討厭浪費，但總有些物品無法捐贈只能扔掉。在花力氣整理欲捐出的物品之前，請考慮一下哪些物品對別人真正有用。儘管大家都不想塞爆垃圾場，但也不該給捐贈中心的工作人員增加負擔。不妨致電你所在地的慈善機構或其他慈善組織，瞭解這些單位是否接受污漬或破損的衣服與床單，進行紡織品回收，還是只需要狀態完整，可供一般人使用的衣物。

• **延後決定：**

將物品分類時，不要停下來沉思。有些要保留的物品顯而易見，有些則是應該送人，也會有些物品讓你陷入兩難：「嗯，我不知道……」或是「呃，我還是很喜歡耶」又或是「這個很貴，好捨不得喔，但我又用不上」。整理的時候，務必避免猶疑不決。遇到這種情況時，把那些讓你陷入難題的物件直接丟進「待定」區，之後再回頭考慮它們吧！答案遲早會揭曉。

• **別人的物品：**

處理屬於其他家庭成員的物品之前，務必詢問本人的意見。扔掉別人的東西會造成問題，並且，隨著時間過去，問題會愈滾愈大。我們曾有許多案例都因為遭遇過沒有被徵詢，東西就被家人扔掉的狀況，因此多年以後，這些人仍然對清理物品感到焦慮，於是抗拒清理物品。

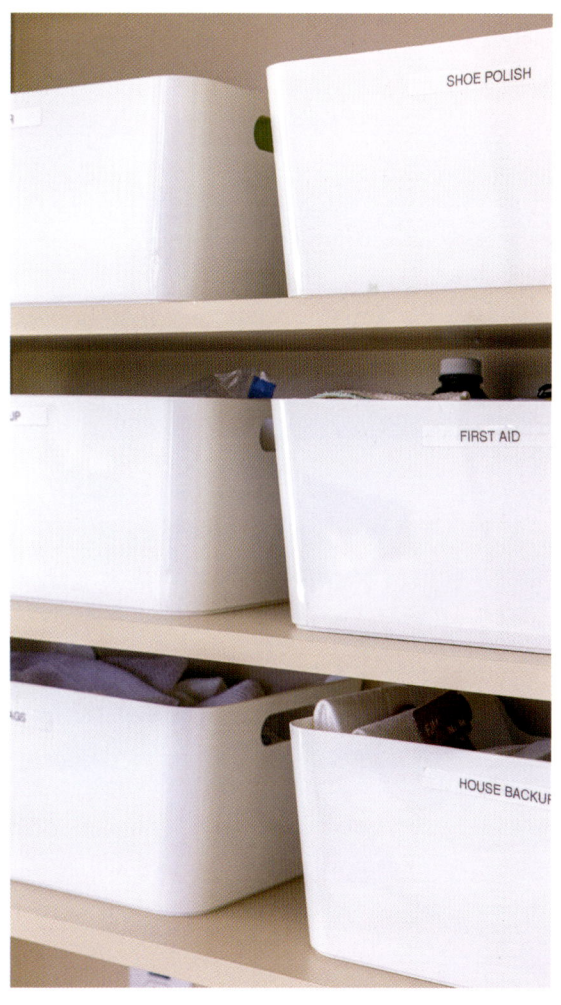

為夢想居家做準備 / 13

- **對他人有耐心，對自己有同情心：**
這是整理居家環境最重要的事情。如果大家都帶著這份心情去執行，那麼，整個家都會完美運作。

建議準備的工具

- **黑色垃圾袋：**
請使用黑色的厚款垃圾袋（或按所在地的規定使用專用垃圾袋），因為它們不容易破損，而且能裝下更多垃圾。請注意避免裝得太滿，以免過重而提不起來。這是大部分人一開始常犯的錯誤，會讓整個過程更加辛苦。

- **透明垃圾袋：**
在整理工作中，若有待處理或可回收的物品，可以使用透明垃圾袋。理由與使用黑色垃圾袋相同，而使用透明垃圾袋，可以避免捐贈物品或回收物品被扔進垃圾桶。

- **購物袋與托特包：**
若你有打算扔掉的購物袋和托特包，請先留下，可以使用這些袋子放進捐贈物品，這樣能夠減少不要的塑膠袋。

- **空紙箱：**
假如你有一直堆放在家裡的紙箱，現在是時候使用它們了。打算捐出的廚房用品最好用紙箱裝，以免破損或碎裂。而想要扔掉的舊報紙或紙袋，則可以用來包裝易碎物品。

- **便條紙：**
便條紙非常適合用來標示分類物品（例如捐贈、垃圾、保留、修理），在過程中也能用來記錄一些瑣事。

- **標籤機：**
標籤機不是必需品，但它確實能讓整理工作變得更輕鬆，一卷標籤帶就可以使用很久。如果你要使用標籤機，我們建議只撕下一半的背膠（依照預設的切割線），這樣就能黏貼得很牢固，而且更容易撕除。

- **捲尺：**
要購買新的垃圾桶、籃子、抽屜隔板、書架隔板等物件時，捲尺很有用，它能確保採購的物品符合空間尺寸。

- **拆箱刀：**
拆開各種收納紙箱的好工具，也能把箱子割開回收。

廚房 Kitchen
擁有井然有序的料理空間

　　大家都希望擁有井然有序的廚房，這不僅是為了美觀，也可以為使用廚房的人帶來料理靈感，一起享受準備食物的過程，並減輕日常家務所帶來的壓力。

　　廚房是家中最繁忙的空間之一，同時也最令人頭疼。廚房無法有效運作的時候，從騰出烘碗機裡的碗盤，到把早餐端上餐桌，都會變得困難重重。我們都希望擁有快樂且毫無壓力的早晨，希望能夠親切對待與自己一起生活的人，每天都為他們帶來美好的開始。但實際上，對每個人來說，早晨很難熬。更糟糕的是，如果混亂的廚房還只是家中雜亂空間的一部分，那麼，你會總是感到煩躁，為此經常不開心，家中氛圍也會很低迷。

　　功能齊全的廚房可以減少壓力，並提供以下支援：

- 更輕鬆地與家人和朋友分享美食，促進人與人之間的連結交流。
- 透過規劃餐點和烹飪，擁有更健康的飲食選擇。
- 透過減少食物浪費，提高經濟效益。

除非是正在搬家,否則大多數人都不會想要清理或重整廚房,這件事幾乎都是不經意地發生。就算知道廚房已經不適合自己的需求,但他們還是認為這是廚房的大小、格局、收納配置的問題。然而一般來說並非如此,問題總是出在那些多餘的物品。所以,為了讓這個空間能為生活提供應援,**當務之急應該要有意識地清出空間。**

你是如何使用廚房?

在開始整理廚房之前,請先考慮一下自己以及同住者的實際生活方式。我們對理想廚房的期望必須與現實相符──無論是關於你自己,還是你所生活的空間,在回答這些問題時,一定要據實以答:

- 你多久烹飪一次?是從處理食材開始,還是加熱調理包?
- 家裡有孩子嗎,他們多大了?
- 會招待客人嗎?頻率是多久一次呢?
- 上一次試圖從櫃子深處拿出東西是什麼時候?
- 你會希望未來能比現在更常烹飪/烘焙/招待客人嗎?

經常有人會問,他們有這麼多東西,會不會把我們嚇壞?完全不會!我們的職責不是審判,而是來提供幫助,讓你在所擁有的空間裡,與你需要的、使用的和想要的東西,盡可能和平地生活。

無論你是從不下廚,還是每週末都要舉行家庭聚餐和晚宴,我們關心的是如何整理你的廚房,讓你隨時都能找到每天或每週使用的物品。我們關心的是在你宴請賓客時,能讓你輕鬆找到所需的物品,並享受親朋好友來訪。我們所關心的是,清理工作能變得輕鬆愉快,讓你不再恐懼。

Chapter 1・廚房 Kitchen / 21

廚房的問題比這些
漂亮的盤子大喔。

思考廚房物品的分類與去留

　　這是好轉之前的黑暗期，在這個過程中，房子可能看起來會像是被你毀了，但我們保證，最終結果是值得的。

1. 首先，從櫥櫃和抽屜裡**拿出所有東西**，一次一個類別。我們建議從體積較大的物品、較不可能是在未經思考的情況下購買的物品開始，例如鍋具。

2. 現在，將物品**按類型和大小分類**。舉例來說，不沾鍋是一個小分類，而鑄鐵鍋屬於另一個小分類。

3. 接下來，把你**從未使用的物品放在一邊**，不要管價格多少。有時候鍋具是成套購買的，但僅有其中的一兩個平底鍋會成為你的最愛，而其他的鍋子看起來就像全新的一般。不用的鍋蓋也會佔掉寶貴空間，所以一定要扔掉。狀態良好的物品通常可以捐贈，而其餘用不上的就得果斷扔掉。

4. **檢查一下確實有在使用的物品**，它們對你來說好用嗎？如果不沾鍋的塗層已經脫落或磨損，請記下鍋子的尺寸，並將其加入待買購物清單中。塗層損壞是因為你經常使用，但是不必保留可能對健康造成危害的鍋子。破舊的、黏答答的、有缺口的鍋子可以扔進垃圾桶或回收箱，而完好卻對你來說沒有用的鍋具則可以捐出去。

5. **檢視剩下的物品**，很可能會有一些不太確定的東西，先把它們放在「待定區」裡。在廚房清理的最後階段，回頭看看這堆東西，把將來可能會用到的物件放回原處，假如不佔空間就保留下來，沒有必要製造可能再次購買的機會。

　　以上是整理的基本原則，這個系統適用於廚房和家中其他地方。

你家也有無限繁殖的神祕物品？

一般人可能認為，日常使用的碗碟、玻璃水杯與餐具是造成廚房雜亂的主要原因，但事實上並非如此。廚房裡最大的問題出現在以下幾類物品，它們會神奇地倍增，讓我們來分析一下：

- 馬克杯
- 保鮮盒
- 烹飪器具
- 水壺
- 兒童塑膠餐具
- 玻璃罐
- 杯杯盤盤

最常倍增的都是較小、便宜的物件，很少有人會心血來潮買一台立式攪拌機，但木杓和鍋鏟？會喔。在廚房裡，我們從來沒有遇過屋主告訴我們：「哇，真沒想到我有三台攪拌機，這些是哪來的？」但是當我們拿出所有廚具時，屋主往往露出驚呆了的表情。

很少有人擁有大量不成套的杯盤，通常就算少了幾個盤子，打破了幾個杯子，不成對的杯盤也能湊在一起，然後放進被分配到的櫃子裡。問題是，每吋空間都被那十個水瓶占據了。保鮮盒等容器也一樣，無論是好一點的，還是「沒有糟到該扔掉」的塑膠盒，都在所有抽屜和櫥櫃之間蔓延。你的孩子可能都已經上中學了，他的寶寶杯、心愛的卡通人物盤子卻仍佔據著一席之地。還有，原本只佔了櫃子一層的馬克杯，現在已經佔領了兩到三層，到底都是誰在用這些杯子呢？

馬克杯

扔掉你沒有真正喜歡過的馬克杯。例如，手柄太小又太低的、杯身太厚重的、開口寬到讓咖啡一下子就涼掉的等等。每個成年人擁有三個馬克杯，對日常生活來說應該就綽綽有餘了，用來接待客人的備用馬克杯，可以儲放在較高的架子上。如果你有因為情感而無法捨棄的馬克杯，就把它們移到最上層、難以搆著的架子上展示。

保鮮盒

把保鮮盒和外帶盒一起拿出來，試著把所有的蓋子和盒子對在一起，配不起來的全都扔掉。塑膠容器都被整理得井然有序時，你就不必再購買了。

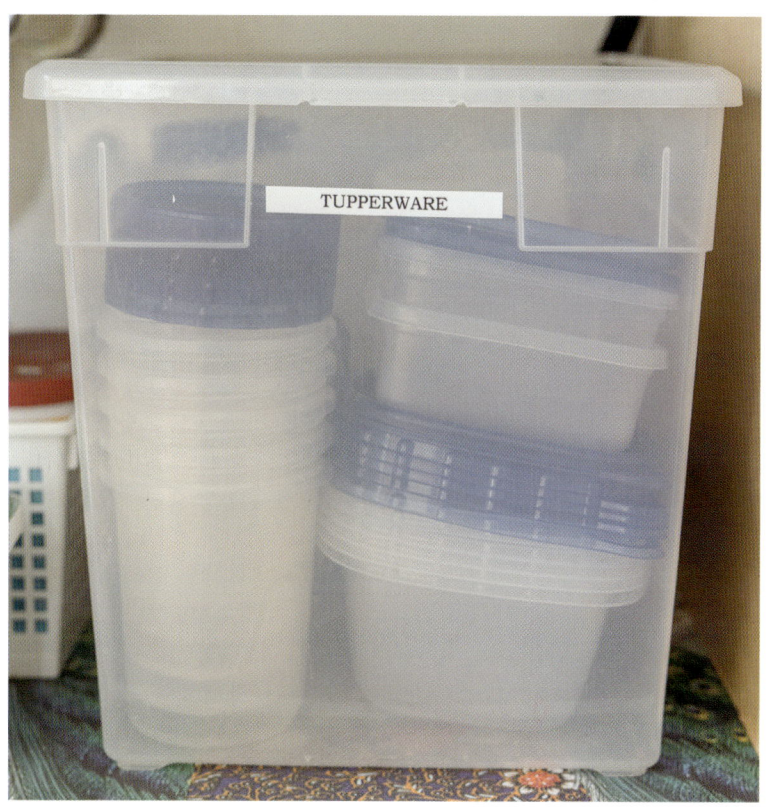

扔掉醜醜的馬克杯和變形的容器

Chapter 1・廚房 Kitchen / 25

現在，來仔細清算剩下的盒子有哪些，這是現實與想像的差距在眼前展開的時刻。你手邊還有四十組呢，下個星期還要再訂購嗎？你會需要這麼多，是因為每次煮的食物量太多，因此需要冷凍一些？還是你長大成人的孩子回自己家時，要給他們帶一些食物？**擁有多少並不重要，重要的是實際使用的有多少**。請為這些物件創造專屬的空間，並守住這些空間限制。

例如，若是你傾向於保留比實際需要的更多的物品，你可以把保鮮盒收在廚房水槽下的一個大塑膠箱裡，利用這種方式來避免自己無意中又增加數量。

廚房料理工具

抹刀與湯杓這個分類總是雜亂無章。每當需要使用時，我們總會拿起自己最喜歡的那個，除非那支器具還沒清洗或正在使用，我們才會改用不那麼喜歡的那支。試想你遇過最艱難的烹飪或烘焙場景，一次最多需要使用多少把抹刀或湯匙？這就是對你的廚房來說最合理的數量。

湯杓並非
越多越好

以木杓來說是三支或四支，你可以決定適合自己的數量，但決不會是十二支。以小家庭來說，合適的數量可能是二支抹刀、三支木杓或矽膠湯杓。

食材儲藏櫃

清空食品櫃和食材儲藏室，把每樣東西拿出來，放在**檯面上或餐桌上**，把同類的物件歸成一類，然後再細分為小分類；如此一來，五穀雜糧會放在同一個區域，當中包括白米、藜麥、燕麥片等，各自放在自己的區域。而罐頭食品、零食、香料與烘焙用品也請依照同樣方式處理。

所有東西都拿出來後，回到儲藏空間好好打掃，儲藏室與櫥櫃的藏汙納垢程度會讓你驚訝。一般來說，**我們不傾向在層板上鋪止滑墊或防塵墊**，因為安裝起來很費時間，又不利於清潔。假如擔心某些物品，例如油品可能會滴油，可以放在旋轉盤上，這樣就比較方便拆卸清洗。

針對每個類別，都請檢查食品的有效期限，扔掉過期的東西。是的，儘管我們知道保存期限僅供參考，食物可能仍然狀態很好，但我們也知道你放了很多年沒吃，所以也不太可能會吃了。你永遠不會真的想吃掉那罐久到讓你想起爺爺的古董麵筋罐頭，所以沒必要繼續把它留在家裡。

冰箱

如果冰箱塞滿了裝著過去幾週食物的容器，新舊食物會混在一起，彼此推來擠去，最終都浪費掉。

把冰箱裡的東西拿出來，再把架子與抽屜都擦乾淨，然後只把真正要吃的食物冰回去。不要捨不得丟掉流行的配料或只用過一次就不再使用的少見醬料，它們最終還是會被扔掉。現在就狠下心來，為今後的新選擇騰出空間。

把冰箱清乾淨！

冷凍庫

多數人家的冷凍庫像是垃圾場，大家常常覺得把食物扔掉很浪費，所以先冷凍著，但這只不過是延後決定。和家中其他空間一樣，我們建議先把冷凍庫裡所有東西拿出來，除了冰塊以外。但其實就算只是冰塊也可能成為問題。還記得老公迷上威士忌那年，特地買來製作大冰塊的矽膠模嗎？它們在冷凍庫底層多久了？不如趁著整理的時候把整個冷凍庫都清理一下？把冰塊倒掉，其他東西也放在檯面上，給自己一點時間想清楚。神祕的冷凍食品、凍傷的食物、孩子愛吃的冷凍加工品，還有你總是趁打折多買的食物，已經放了一年嗎？全部扔掉，重新開始吧。

酒類

大家經常把葡萄酒與料理酒一起放在廚房裡，這可能與現在的房子空間太小有關，也可能是因為放置酒櫃的配置正在消失，無論因為何者，酒類產品佔用了廚房的大量空間。酒也是容易被大量收藏而開置在空間中的物品，有些可能是禮物，有些則是某人喝完調酒後留下來的。是的，下一次辦派對，可能會有人想要在你家來杯阿佩羅雞尾酒或柯夢波丹調酒，但你不可能為某個特定人或某個特定時刻可能想要的每樣東西做好準備。你的日常生活不該為了他人的喜好而亂七八糟。客人會很樂意在你家享用一杯白酒或精釀啤酒，但當他們非要來杯漂亮的雞尾酒時，可以一起去新開的酒吧。

香料

要把無法排入「十大香料」之列的香料用完,可能得花點時間。所謂十大香料分別是百里香、迷迭香、肉桂、紅椒粉、奧勒岡、大蒜粉、洋蔥粉、辣椒粉、月桂葉以及據說對人體有益的薑黃。

每年十一、十二月,你可能會把一些丁香、小豆蔻、生薑和肉豆蔻用掉,但最近我們發現,大多數人無法在十年內用完一罐肉豆蔻。說真的,稍微轉一下罐子就能磨出 1/4 茶匙,這個分量正是你每年做南瓜派時所需要的,然後它就被放回罐子裡,明年見!

就像家裡的每個空間,你必須決定物品的去留,因此,大家都得誠實地面對在這裡發生的事,你是否有存放超過五年的香料呢?其實你並不孤單。

你的香料抽屜也可以看起來如此漂亮!

我們都曾在雜貨店裡隨心所欲地挑選香料,而當我們決定製作辣椒醬時,卻想不起家裡是否還有孜然。

清理香料收藏時,請將它們全部取出,扔掉所有重複的並確認瓶身上的日期。如果購買的調味料沒有標示日期,而你也沒有用記號筆在香料罐底寫上日期,請打開每一罐聞一聞,保留氣味較濃的。此外,請扔掉沒有在用的香料。最近我們也清理了自己的香料,我們還得上網查詢「馬鬱蘭」來瞭解它的用途,因為我們每人都有一整瓶。結果發現,這種香料最常見的用途是製作肥皂與英式烤鵝佐栗子餡,我們就把它扔掉了。

現在,你應該已經把四十瓶香料整理成廿瓶了,再看一遍,還有可以丟的嗎?我知道你的腦海中又重彈老調:「如果我現在把它扔掉,之後就得重新買了。」但如果現在用不到它,甚至已經多年沒有使用了,那麼就應該在需要的時候再買新的。如果不常用,下次可以買小瓶的,雖然放在架子上沒那麼好看,但可以減少浪費。專業廚師每六個月就會用完手上的香料,他們也建議一般家庭不要保存香料超過一年。香料不會變質,但會失去功效。而如果是整顆的香料又如何處理呢?比如肉豆蔻?應該每兩至四年更換一次。

茶葉

說實話,你真的會在家泡茶嗎?次數是不是寥寥可數,現在的手搖飲及便利商店都這麼方便,幾乎很少有人會特別去泡茶了!過去十年的案例中,我們處理了成千上萬個茶包和茶葉罐,甚至在我們家也是如此。因此,在整理茶包區時,讓我們先確認一些常見問題:

- 你真的會泡茶來喝嗎?如果是,多久一次呢?
- 如果你的回答是每週一兩次,而且只在冬天喝,那麼你需要很多個寒冷的冬天,才能喝完十二盒茶。
- 茶葉放多久了?很多年嗎?這並不稀奇。但如果是茶包,最好在三到四個月內喝完。罐裝茶葉則最好在一年內喝完。

你真的
需要這麼多
茶包和茶葉嗎？

　　我們的建議是：只需要留下自己實際在泡的茶葉，以及一些招待客人的茶葉（如果確實曾經招待過客人喝茶的話）。另外，家人的茶包可統一放置塑膠收納盒保存。

小家電

　　如果櫥櫃裡的黃金空間被閒置的烤箱或咖啡機佔走，理由只不過是「也許有一天會用到」、「這是禮物」或「這花了我很多錢」等。對此，我們會說：「那又怎樣？」老實說，當你在收到入厝禮或各種禮物，向送你東西的親朋好友表達感謝時，你已經把該做的做完了。他們沒指望你嫁給這台機器，而且十年之間，你已經使用過幾次了。所以，把多餘的東西扔掉吧。

Chapter 1・廚房 Kitchen / 31

案例：貝嘉（Becca）的故事

小家電收納

　　貝嘉熱愛烹飪，她的廚房料理台和電器櫃裡，到處放滿各種廚房小家電。我們把她的家電用品集中在一起，和貝嘉一起決定哪些機器還可以留著，哪些得要丟掉。貝嘉扔掉了不再使用的電器，只留下最好的，像是爆米花機、咖啡研磨機和電烤盤。我們還清空一座從地板延伸到天花板的櫥櫃，把所有小家電放在一起，就這樣「家電展示櫃」誕生了！現在，我們對所有客戶都用這個詞彙來稱呼專門存放電器的空間。貝嘉與其他人的不同之處在於，她擁有足夠的空間，可以將眾多電器集中在一個大櫃子裡。而大多數人的空間有限，但就算只有一個較小的區域，你仍可以考慮打造一座屬於自己的「家電展示櫃」，這樣就能清楚地知道自己擁有什麼。

廚房有這麼多小家電的原因之一是：電器用品價格昂貴，大多數人都捨不得丟掉。此外，許多廚房小家電都與對美好居家生活的想像緊密相連，例如：

・想和寶貝們一起烤蛋糕？得先有一台食物攪拌機！
・在父親節享受美好的早午餐？買台鬆餅機就能辦到！
・為健身減肥製作綠拿鐵？絕對要特別買一台營養調理機！
・想要快煮米飯與可以輕鬆去殼的水煮蛋？需要買個萬用鍋。

哦！如此美好的生活我也能擁有耶！

幻想夠了嗎？現在是時候面對現實了。你真的有在使用這些廚房小家電嗎？讓我們弄清楚吧！首先，把所有小家電找出來，按相同類別一一歸類。

現在是老實地面對自己的時候了，「我上一次用這個是什麼時候呢？」甚至「上一次有人使用它是什麼時候啊？」算一下：如果你已經四年沒用過咖啡機，而實際上你每天喝三杯咖啡，那就是三杯×一年三百六十五天×四年＝四千三百八十次，你在四千多次的機會中都沒有選擇使用咖啡機。猜猜看，你之後還會使用這台咖啡機嗎？是時候該把它淘汰了。

能夠輕鬆端起

能夠輕易取得

能夠輕易找到

能夠輕易拿到

讓廚房空間
運作順暢的方法

選擇好要留下的物品後，環顧廚房空間，考慮未來的使用方式，並一一安置每件物品。請記住以下策略，明智地選擇物品的位置：

- **最常使用的杯盤與餐具**：盡可能放置在靠近洗碗機、洗碗槽區。

- **小家電等重物**：請放在容易拿取的櫃子低處。

- **不常用的物品**：可以收在較深且不太方便拿取的櫃子裡。

- **家中有兒童嗎**？在收納餐盤的抽屜附近，規劃一個兒童餐具存放處，幫助孩子變得獨立對大家都有益處，讓孩子們能拿到自己的餐具、準備餐桌、或騰出烘碗機裡的餐具，是個很棒的開始。

- 家裡的大孩子們如果知道所有物件的歸屬，他們會更願意在廚房裡幫忙。例如在把餐具從烘碗機拿出來歸位時，不需要費力思考、規劃位置，孩子便會減少抱怨。

- 誰說所有的清潔用品都得放在水槽下方？只把多功能清潔噴霧和洗碗機專用清潔膠囊、洗碗精和垃圾袋放在水槽下，以方便取用。其它東西都挪出來，利用這個黃金空間來儲藏每週要用的東西。

- 想要環保嗎？務必準備大量可重複使用的餐巾、洗碗巾和抹布。另外，在廚房的水槽下設置一個髒衣桶，隨時可以把用過的廚房抹布扔進去，一個禮拜清洗一次，常保乾淨如新。可以在移開清潔用品後，把髒衣桶放進騰出的空間！

- 你家經常有客人來訪，或想接待更多客人嗎？請確保餐具易於取用，而不是堆在一起。

整理各種食材的訣竅

近年來，華麗的儲藏室風靡全球，我們都喜歡整齊排放著收納箱和食物收納盒的巨大儲藏室，但並不是每個人都能做到。不是只有外觀華麗的食材儲藏櫃才是功能齊全，重點在於，它的布局必須對你以及你的同住家人來說很方便，大家都能輕易找到自己要找的東西、並且容易把東西放回原處。無論你家的食材儲藏櫃是一間大型儲藏室，還是只是一座放置食材的櫥櫃及抽屜，都應符合這項基本條件。而如果你想要搭配漂亮的收納盒與玻璃罐，那也沒問題！但這並非必要。

義大利麵

把所有義大利麵存放在儲藏空間裡，可以收在收納箱中，但一定要集中放在架子上的義大利麵區。我們經常採購義大利麵，卻也常將它們閒置一旁。不要讓這種情況發生，如果麵條都儲藏在同一個收納箱或一個區域，很容易檢視自己還有哪些存貨，並加以使用。

穀物

自從健康意識抬頭，現在家家戶戶都有各種穀類，像是藜麥、燕麥、小米、或是糙米、黑米、白米等。對這些穀物進行分類時要果斷。購買這些穀物時，我們都對這場味覺冒險滿懷期望，但實際上我們仍總是選擇微波加熱白米飯，其他的穀物則都繼續堆在那裏。當然，我們並非要責備擁有盼望，但在整理穀類的時候，大家還是得腳踏實地。

烘焙食材

請把烘焙食材集中收在一起，無論是布朗尼或蛋糕預拌粉，還是常見的麵粉類，都應該存放在一起。有些人會把這些物品放在架子上，有些人則放在地板上的收納箱裡。在烘焙收納箱裡，還可以一起收納各種糖類、可可、乾酵母、烘焙用蘇打粉與烘焙粉等。換句話說，就是那些你打算要使用立式攪拌機時，可能會一起搬出來的食材。

PRO TIP
混搭義大利麵

各種義大利麵都剩一點點時，可以煮一批混合義大利麵！注意在烹煮時，一定要將它們依照各自的時間點加入滾水中，以符合各自的烹煮時間。

脆片類

義大利麵

穀物

零食

Chapter 1・廚房 Kitchen / 37

洋芋片與餅乾

為什麼零食不能裝在規格一致的透明盒子裡販售呢？洋芋片、餅乾的包裝袋不容易堆疊，甚至連排成一行都很難，而組合裝餅乾只要兩盒就佔了超多空間。並且，只要手邊還有新的可以開，就沒人會想吃不新鮮的餅乾。因此，我們建議將包裝袋拆開，把洋芋片或餅乾倒出來，裝入密封盒，或是把洋芋片連同包裝袋收納在儲物箱裡保存。

穀片

與洋芋片及餅乾一樣，穀片拆掉原包裝、在倒出重新裝進密封盒後，也能維持新鮮口感。一開始準備這些保鮮罐並不便宜，但一旦注意到被丟棄的食材減少了，你就會為自己的投資感到高興。

罐頭

罐頭之於儲藏櫃，就好像棋盤遊戲之於玩具櫃，大家都覺得自己會「一直」用到，事實上卻從來沒有。尤其是各種節慶後家裡的罐頭變得非常多，或總想著之後做料理需要某個罐頭，就先買著備用，這樣的念頭令我們陷入美好的想像，然後一次又一次地在商店亂買，常常放一整年都沒有吃完？趁這次的整理機會，把還沒過期的罐頭捐出去吧，讓需要的人可以溫飽一頓。

PRO TIP
善用透明容器，更好保存使用

把洋芋片、餅乾和其他零食倒入密封容器中儲藏的話，能讓食材的新鮮度維持更久，而且一目了然。這樣規劃採買就更方便了，還能減少浪費。而透明儲藏罐的密封扣設計得愈有趣，也就愈容易吸引孩子們妥善密封，對孩子來說比使用夾子更容易封好。食材能夠保持爽脆的口感，而且減少浪費等於增加銀行存款。好吧，也許每次只有四、五十塊錢，但小錢會慢慢累積。假如擔心食材過期，請在容器背面用油性筆寫上保存期限（可以用酒精輕鬆擦掉）。

罐頭

烘焙用品

穀片

Chapter 1・廚房 Kitchen / 39

從垃圾抽屜
變身功能齊
全的抽屜

雜亂抽屜

幾乎每個家庭都有這種分格抽屜，它其實非常實用，但得經常清理。整理抽屜是十分鐘任務，不要想成長達一小時的分類大會。我們建議採用抽屜分格板，將筆、備用鑰匙、小工具、剪刀、膠帶、金屬絲和橡皮筋逐一分類收納。或者，你也可以從商店購買小型塑膠抽屜收納盒，這樣就能充分利用每一吋空間。

一週備餐技巧

想要在廚房裡有條理地工作，請先學會準備一整個星期的食物（也就是規劃一週菜單），而非一次準備一餐。這樣做可以節省時間和金錢，甚至還能吃得健康。料理 APP 上有數百萬則食譜，適合各種飲食習慣，非常方便，大家可以按各自的需求參考。不過我們也有一些小竅門，可以幫助你在實際操作過程中得心應手。

讓料理更簡易

在廚房裡發揮冒險精神是得看時間和地點的。新食譜、新潮小家電和獨家的農產品都能帶來樂趣，但在製作一星期的餐點時，也可能帶來災難性的後果。網路上的食譜可能看起來很棒，但如果它不是人見人愛，你的菜色陣容可能就會被嫌棄。因此，備餐只需要使用經典食譜，整個星期的餐點都能順利進行。若是老奶奶手路菜等級的料理，就留到有充足時間的日子，再來好好享受烹飪過程吧！

打造主題之夜

這聽起來可能過於簡單或刻板，但請聽我們說完：假如設定主題，比如「週一無肉日」或「週二日式料理」，就不必每週都重新創造菜色清單。這樣的做法實則為創意提供了出發點。無肉星期一可以變化蔬菜炒麵、素肉燥飯、素食漢堡等菜色，日式料理可以製作不同配料，可以是壽司、味噌湯或烏龍麵。雖然食材相同，但並不等於乏味，在這樣的架構下運作，能讓你週復一週持續下去。

案例：蘇珊的故事

循環菜單

蘇珊是管理廚房的專家。她擁有三個不到十歲的孩子，還是一名出色的律師。她花了不少時間在家裡落實令人驚歎的系統化作業，如此她就不必每天考慮同樣的問題。蘇珊的其中一項得意之舉就是：循環三週晚餐清單。蘇珊說她的孩子完全沒有注意到這是循環菜單，她僅在星期日購物並準備餐食，接下來的一整週，她都不再需要花時間為餵飽全家傷腦筋。無論是由先生、保姆還是蘇珊自己來準備，張羅晚餐都變得輕而易舉。

破除流言

「大量採買必定省錢？」

雖然在美式賣場或其他商場大批採購可以節省開支，但如果處理不當，這種方式可能會帶來壓力，最終反而花更多錢。像是可以久放的物品，例如：廚房紙巾、衛生紙、面紙、飲料，甚至是看起來能吃很久的零食，這些都很適合大量採購，前提是家裡還能放得下。我們曾在小小的公寓裡看過堆放在客廳的廚房紙巾、堆在廁所裡的衛生紙，這是因為家裡沒有其他地方放得下。

我們要設計可以用來儲藏的櫃子，大批採買的物品才有地方放。如果你決定大宗採購，最好擁有處理得了的系統櫃。如果你住在**獨棟房屋而非公寓**，可以在車庫或地下室設置貨架，並在貨架各個位置貼上最常購買物品的標籤，這樣一來，當貨架位置空了，看一眼就能知道該補充什麼。

假如是大家庭，大賣場能大幅幫助預算控制；然而，**假如你一個人住，或居住在狹小的空間裡**，請問問自己這種消費方式是否合適，弄清楚到底能省下多少錢。不需要在客廳裡堆滿紙巾，那些一組兩大罐的花生醬，夠2個人吃上一整年。

購買半成品食品

為自己和家人準備飯菜已經很辛苦，沒必要再提高作業難度，可以採購事先切好食材的包裝。當然，削皮切好的南瓜塊可能比整顆購買貴一些，但總比在餐廳吃便宜。運用一點方法，讓自己有時間處理其他事情。

烹煮多餐的份量

思考哪些是可應用於一週多餐的食材。週二用來煮親子丼飯的雞肉，也可用於週五的雞湯麵；為工作日午餐便當所汆燙的蔬菜，也可以加入蔬菜披薩中。準備食物時，可能會覺得份量很多，但一次製作一週份，可以變得輕鬆許多。

選擇製作精良、持久耐用的容器

多數人偏愛使用透明的玻璃容器來存放食物，這種容器非常適合堆疊，也能讓你輕鬆找到想要的東西。當然也可以使用現有的鍋碗瓢盆，只要清楚標示並注意可見性，這樣冰箱就不會出現莫名其妙的神祕容器了！建議用油性筆標示，或使用便利貼。

別具意義的物品

別具意義的廚房物件通常是孩子的兒時最愛，或是由祖父母與父母傳下來的東西，這些物品讓房子有家的感覺。在你所使用的廚房裡可以保留一些這類物品，但只限於能讓生活更輕鬆的，例如，從媽媽家拿來的厚實廚師刀、曾是奶奶專用的馬克杯，如今成為你最愛的杯子、或是孩子小時候使用的小湯匙，可以放在小罐子裡很實用。如果打算保留具有特別意義，但沒有實用價值的物件，比如嬰兒餐具等，建議把物品裝箱，和其他「永久保存」類物件一起放在廚房外。

/ column /

廚房裡的「充分擁有」理念實踐

投資你最
常使用的
物件

44

投資家電

關於充分擁有，廚房有取之不盡的好例子，昂貴產品包括食物攪拌機與營養調理機。正如前面已經討論過的，請務實考慮自己將要使用的物件，並做出**「有意識的投資」**。假如你每週都烘焙，那麼存錢買一台名牌食物攪拌機就很有意義。然而，假如只是為了在生日節慶烤個蛋糕，那你只需要一台經濟實惠的手動攪拌機就足夠了。

一旦採買了昂貴商品，現在就該來好好保護你的投資。這指的可能是將珍貴的水晶杯盤仔細包裹存放，也可能是將營養調理機送去保修，「用心維護」意味著對購入物品精心呵護，好讓它們能陪伴你一生之久。

環保點子

廚房是進行環保改造的好地方，或大或小的改變都可以，不過，有許多做法可以讓居家空間更環保：

- 在自家廚房，盡量以可重複使用的環保布巾代替一次性廚房紙巾。這類家庭布巾是捲成一整捲，使用時可以拉開，擦拭潑灑出來的液體或清潔物件表面，然後視需要清洗。

- 減少使用一次性塑膠。使用可清洗的矽膠儲存袋來替代塑膠袋，需要覆蓋食物和碗時，也可以自製蜜蠟布替代保鮮膜。

- 購買由可持續性、可生物分解的材料或矽膠製成的海綿，它們幾乎可以永久使用。我們每天製造的垃圾有一大部分來自廚房，所以只要有一種產品能讓你的垃圾減量，都是巨大的勝利。

- 如果你還沒準備好投資新的環保健康產品，也有些價格低廉、久經考驗的 DIY 解決方案。例如將醋、精油與小蘇打調和，就能做出很棒的萬能表面清潔劑。

維護方法

為了讓你的廚房年復一年都能順暢運作，可以每隔幾個月，甚至每年執行一次清理，如此就能有很大不同。每隔一段時間，請花幾小時來整理食材儲藏櫃，就像第一次整理時一樣，爽快地清除一些物品，而這次執行則會大幅減少浪費。此外，冰箱盤點也是必要的，看看有哪些食物應該盡快吃掉或扔掉，哪些則需要補貨。如果使用木質砧板，每年請抹植物油在砧板上，而刀具則需要每年磨利一次。

HARD CHOICES
ETERNAL SONATA
Hold Me Tight
VIRTUALLY HUMAN
WRITING MY WRONGS
SPACESHIP
GETTING LIFE
NORWEGIAN WOOD
DAVE ISAY CALLINGS
Salman Rushdie Midnight's Children
THE DEATH AND LIFE OF THE GREAT AMERICAN SCHOOL SYSTEM
Stephen King | On Writing
Transcendence
SAPIENS

臥室 Bedroom
整潔無雜物的休憩空間

只有當所有物件各適其所，臥室才會散發出寧靜氛圍。如果說，家是與外界隔絕的平靜港灣，那麼臥室就是與家隔絕的私密場所。大家都希望自己的臥室是個能夠放鬆、找到平靜的空間，讓人可以在一天結束時釋放壓力。平靜的臥室能幫助我們養成良好的睡眠習慣，從而使生活更幸福。此外，臥室也是我們早上醒來第一眼看到的環境，整潔且無雜物的空間，能為你啟動活力滿滿的一天。

假如每天一睜開眼睛，闖入眼簾的盡是一堆堆雜亂無章的東西，我們的感受會是如何？特別是那些不屬於臥室的東西，例如散亂的書本、沒有摺好的衣物、孩子的玩具以及其他需要處理的各種家務，讓人感覺既不悠閒也不迷人。整理臥室的首要目標就是把不屬於那裡的物品清走，並為留下來的物件找到合適的位置。

大多數人都把衣服收納在臥室裡或相鄰的衣櫃中。如果衣物的數量符合空間大小，收拾衣服就會很容易，我們也會願意收拾，而不是讓乾淨的衣服堆積在椅子上或五斗櫃上。

臥室的大小並不重要，重要的是要有適量的收納空間。若臥室裡的所有物品都有棲息之處，就更容易營造出一個舒服的避風港灣。

- **五斗櫃**方便收納較小的物件，像是襪子、內衣和 T 恤等。
- **床頭櫃**可以放置非當季或體積較大的物品。
- **附有抽屜的邊桌**用來收納各種物品都很方便，例如眼鏡、眼罩、閱讀燈等。如果沒有好好收納，這些小物品就會散落在各處，製造視覺上的混亂。
- **具有收納空間的床底置物櫃**，是放置床單等物品的絕佳空間。

具備一個井然有序的衣櫃，意味著準備出席任何活動都將是件容易的事。無論是工作場合，還是需要穿著正式服裝的婚禮，少了壓力，對出席活動這件事感覺就會輕鬆許多，畢竟你不是在烏雲密佈的情況下準備出發的。

然而，假如你的臥室裡堆滿不屬於這裡的東西，這就像是刻意讓自己的生活加倍艱難，就好像是祈求著：「拜託～～讓我沒有足夠空間收納乾淨的衣服吧！拜託讓我找不到我最喜歡的牛仔褲！哦，拜託～讓我上健身房變得更困難，因為這件事本身還不夠難。最後，我早上的壓力還不夠大，請讓我多花上廿分鐘才能打扮好，這樣我就能在出門前把自己搞得汗流浹背了。」

或許你會認為沒有人會選擇住在這種臥室裡，然而，假如你不整理房間，這正是你所選擇的臥室環境。

你是如何運用及
規劃臥室？

在我們的夢想裡，臥室是用來睡覺、放鬆和享受親密關係。但我們都很清楚，很多人的臥室裡不僅有工作臺，還有健身器材。

只要你或你的伴侶確實在使用這些工作臺或健身器材，家裡又沒有其他適合的地方可以放置這些物件，把它們留在臥室裡便情有可原。但是，如果健身腳踏車已經變成你亂扔衣服的地方，而且已經超過一年沒有用它來鍛鍊身體，那麼可以考慮把健身腳踏車清理掉了。

這間房間是留著睡覺用，還是也要用來運動與工作？

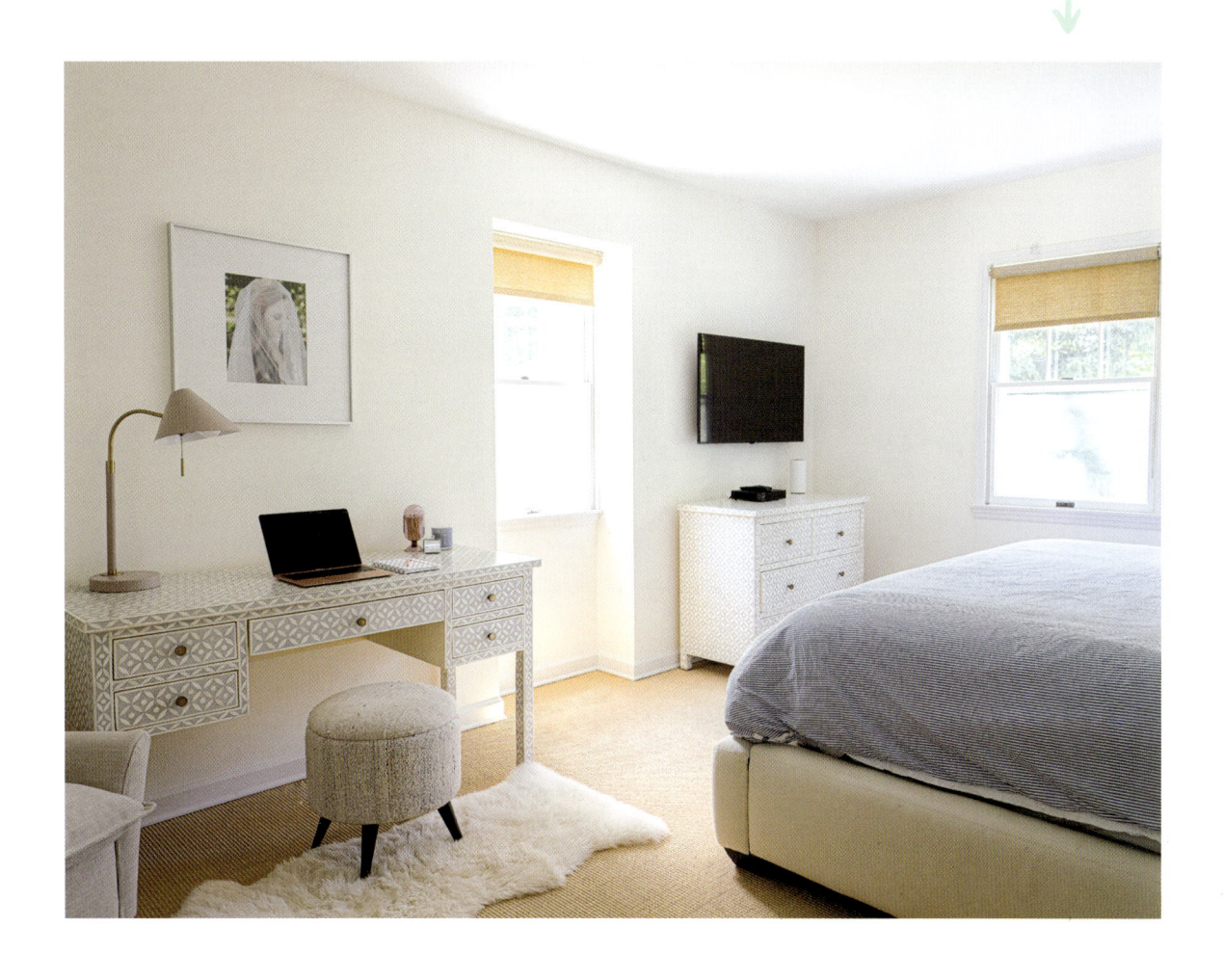

讓房間成為
平靜而整潔
的避風港。

家中若有年幼孩子的話,可能就需要考慮禁止他們進入臥室,這需要一點勇氣和紀律。將臥室設定為孩子們的禁區,就等於為自己和配偶開闢出一個自由空間,同時,如果臥室不再是每日親子活動的區域,就更有可能保持整齊。

讓我們也來思考一下臥室衣櫥的使用情況:
- 你是否與配偶(或伴侶)**共用一個衣櫥**?
- 你的正式工作服與日常服裝**有所區別嗎**?哪一類更多?
- 你**多久洗一次衣服**?
- 你的衣櫥是**步入式更衣間**,還是附有簡單橫桿與架子的一般衣櫥?

這些問題的答案,能幫助你明智地決定衣物的存放方式和地點。

PRO TIP
防滑衣架

把金屬和塑膠衣架換成整套防滑衣架吧!我們知道很多居家整理商品不便宜,更換衣架似乎是一種浪費,但是,防滑衣架能讓衣櫥的功能和外觀產生巨大改變。防滑衣架比木質衣架更薄,因此可以節省空間;而衣物將能好好地掛在衣架上,而不會像掛在塑膠衣架上一樣不斷滑落。底部有可移動橫桿的衣架比「襯衫衣架」更好用,因為後者容易被其他衣架勾住。為西裝與運動外套保留幾個木質衣架也是個好主意。

思考臥室物品的分類與去留

你可能會以為凌亂的臥室來自空間大小，其實問題很少出在這裡。我們曾經看過一間都市公寓的臥室，床的兩側僅僅各有一個小小的邊櫃，完全沒有放其他傢俱的空間，那是只有三坪左右的小房間！我們猜想你的臥室應該沒那麼小，那麼，為什麼它不是你夢想中的避風港呢？問題出在所有不屬於那裡的東西。

我們經常在臥室裡發現一些不屬於臥室的物品：
- 新買的商品以及需要退貨的商品
- 捐贈的袋子與放著不管的收納箱
- 盥洗用品
- 與臥室無關的居家布品
- 雜亂的紙張（如學校表格、家庭作業和未拆封的郵件）
- 筆和文具（除非居家辦公室設在臥室裡）

屬於臥室的物品：
- 衣服
- 絨毛娃娃
- 首飾
- 保養品、化妝品
- 床被單

整理衣物

學會清理與整理衣物是一項技能，這將對你大有助益。無論是衣櫥還是抽屜櫃，整理衣物的訣竅基本上是相同的。

PRO TIP
找朋友幫忙

處理衣物時，可以考慮找朋友協助，在你試穿衣物時，朋友可以幫忙把衣服掛回去或摺好。請選擇從未批評你的穿著或體態的朋友或家人，總是樂意見到你、並給予你真誠讚美的人，才是最佳人選。如果他願意協助，記得也以幫助回報。此外，因為和朋友一起面對一大堆你不想要的東西可能會頗尷尬，甚至有點可恥，有些物品上還可能留著標籤，這種時候你不需要身旁有一位會讓你內疚的人，所以請選擇一位能開懷大笑，在過程中為你加油的朋友。

如果抽屜裡藏著衣物以外、別具意義物品，請將它們集中起來，先暫時放在一個盒子或洗衣籃裡，稍後再回頭處理。我們希望完成清理後，你的抽屜櫃裡只有貼身衣褲或珠寶。

我們有些客戶因為家中的物品太多而深陷泥沼。不過，一旦明白如何清理，他們就再也不會重蹈覆轍，陷入同樣的困境。現在，他們扔掉的東西往往遠比保留下來的多，添購的物品也變少了。

內衣褲

如果我們說內衣褲的消費「比較便宜」，你可能不太同意，畢竟你可能在每類衣物上都累計了一大筆花費。但假如你在胸罩上花了一大筆錢，我們保證你在洋裝、鞋子和包包上花的錢絕對更多。所以，相對來說，內衣褲這個類別不算昂貴。

像是有些人的內衣褲太多了，有些則不太夠。我們沒有理由缺少乾淨的內衣褲，但是擁有超過三週（二十一件）的內衣褲數量，這就有點誇張了。三十件絕對是上限，而少於十件則可能會讓你在洗衣服的時候遭遇不必要的挑戰。沒有必要留戀不舒服或破損的內衣，請直接丟棄。

所有事物都一樣，最好找到自己喜歡的品牌，並持續使用。請記下自己的內衣褲尺碼，胸罩的品牌和尺寸尤其如此，因為不同品牌的尺碼不一致，一旦舊標籤上的尺碼無法識別，這就表示你還得花時間去實體商店一趟，而不能上網訂購。

說到浪費時間，摺內衣褲也算嗎？或許是的，但每天早上一拉開抽屜，看到一切井然有序有多棒啊。

襪子

就像世上所有人一樣，對我們來說也是神祕事件：襪子這種雙雙對對的東西為什麼會分開，老是湊不到一起？我們無法解釋，只能接受。我們服務過的

你真的需要那麼多內衣褲嗎？

家庭中，有的擁有一大袋的落單襪子，顯然是積年累月收集的。我們不想成為希望粉碎者，但我們還是得把這一堆落單襪子扔進垃圾桶裡。而為了避免未來的浪費，無論是運動襪、紳士襪還是隱形襪，每個種類的襪子請都購買同一品牌。當襪子少一隻時，把落單襪子放在你經常找的地方，如此一來，改天又冒出一雙落單襪子時，就可以把落單的兩隻湊在一起。

現在，所有較小、較便宜的物品都已處理完畢。決定留下的物件都重新折疊，放回抽屜裡。如果你家沒有抽屜櫃，也可以放回衣櫃架子上的收納箱裡。只差一點點，你就要成為衣物整理專家了！

胸罩

我們應該保留多少件胸罩呢？這取決於存放胸罩的空間大小，以及你覺得自己還需要穿哪幾件，而哪幾件不會再穿。到了某個年齡、結婚後、或與伴侶在一起超過一定時間之後，你還會穿那幾件時髦而不舒適的胸罩嗎？我們真的不想擊碎大家的夢想。

你有注意到我們沒有在上面的句子中加上年齡或時間數字嗎？或許直到六十歲、結婚三十年之後，你還在參加野性派對，我們深表敬意；但多數人其實不太需要蕾絲胸罩。我們更加需要的是那些不會劃傷我們、不會往上滑動、也不會從肩上滑落，能夠默默地完成任務，而非整天提醒我們自己存在的胸罩。如果你找到如此完美的胸罩，請訂購三到六件，並把其他的扔掉。說真的，把那些會弄痛你的胸罩全都扔進垃圾袋吧。

PRO TIP
接受沉沒成本

越昂貴的東西就會越捨不得丟掉，不管還有沒有在穿，對此要有心理準備。記住，錢早就花掉了，**沉沒成本**這個詞彙在這裡很適用。告訴自己「事已至此」、「哦，好啦。」，甚至反覆多說幾次，直到你不再糾結於此。這是我們從價格較低的物品，比如襪子、T恤和內衣等開始清理的原因之一。從價格較低的品牌（比如你在特價花車或拍賣場買的商品）開始清理，接下來再轉向高端品牌、特殊商品。所有類別的服裝，除了襪子與內衣褲之外，都需要試穿，好決定是否真的要保留下來。

每個人維持三到六件不等，是因為有些人只穿一次胸罩就洗，也有些人覺得沒流汗可以穿上好幾天都不洗，也有些人說：胸罩至少要「休假」一天才能保持支撐力。我們不想研究這個問題，大家可以上網查詢，然後根據自己的想法，進行購買和清洗。

T 恤

在清理抽屜的任務中，你已經整肅了內衣褲和胸罩，現在我們可以開始處理 T 恤了。把 T 恤分類成較正式的、昂貴的、有印刷文字的，或是穿去健身房的運動機能性 T 恤。

決定留下哪幾件心愛 T 恤，其他就狠心處理。

繼續運用相同的概念，再細分同類的 T 恤，從分出四件一定要留下的和四件一定要扔掉的開始，繼續處理所有的衣服堆，保持冷酷無情。如果有些 T 恤讓你一時無法決定，先把它們放在一邊。無論整理何種物品，那些讓你放慢速度的物件都先擱置就好。一旦先把確定要「留下」的東西收拾好，把確定要「扔掉」的東西裝袋，「待定」區的物件就容易解決了。你所擁有的收納空間、它的理想外觀及功能，可以幫助你決定要把那五件 T 恤塞回抽屜，還是丟掉。執行完畢之後，你就能一覽自己真正喜歡並且想穿的衣服了。

運動服

除非你像魔鬼一樣健身鍛鍊，因此不得不把衣服送到洗衣店，否則你不會需要十件運動內衣。我們偶爾會遇到一些不自己洗衣服，而是交由清潔工或管家清洗的客戶。如果這些員工每週只來一次，而你每天都健身，你就可能需要七到十件運動內衣。但對於其他人來說，每週只能拖著沉重的身體上健身房或跑個幾次，這樣的人就可以在回家後把運動內衣和運動服一起扔進洗衣機。運動服沒有立即清洗（或至少用冷水沖洗）會容易出現異味，一旦衣服發臭，氣味就很難去除，最後只能再買新的。擁有適量的運動服並妥善保養，可以節省時間、金錢和精力。

各個品牌都不斷地開發更好的材質，因此吸引了許多人不斷購買新產品。但是在購買新運動服時，也請合理地考慮一下，自己到底需要幾件運動服及運動褲。

PRO TIP
不要忘記那些藏起來的衣服

假如你的房間已塞不下衣服，因此把一些衣服挪到其他地方，比如客房或孩子房間的衣櫥（孩子的衣服都好小件，所以塞一些大人的進去，他們根本不會注意到對吧？）現在就把這些衣服找出來。床底下的儲物箱裡是否也有過季的衣服或鞋子？通通拿出來吧！

洋裝、套裝、裙子、褲裙和毛衣

把屬於這個類別的衣物都搬出來,並將同類物品放在一起。請記住,這是整理的首要原則。一旦把洋裝、套裝或毛衣等都個別集中在一起,就可以開始分類成:「一定要留」、「一定要丟」以及「待定」。

在衣櫥裡將同類衣物收在一起,讓打扮自己變得輕而易舉。

你確定你需要所有的 T 恤嗎？
試穿一下，看看是否都值得保留。

以毛衣為例，請挑選四件你最喜歡的毛衣，先把它們都放在一邊，接著，再挑選四件你知道自己永遠不會再穿的毛衣，把它們都放進捐贈袋。我可以聽到各位當中有一兩個人說：「等等，我一共只有八件毛衣耶。」那麼，請你放下這本書、拍拍自己的背，因為你已經是一位整理專家了。

至於其他人，麻煩繼續這樣分類，數量要從四件減少到兩件，所以現在該留下兩件、捐出兩件，以此類推，直到床上沒有剩下毛衣為止。現在，試穿一下放在「一定要留」的那堆衣服，並且仔細照鏡子是否還適合自己。

一定要毫不留情地檢視每件毛衣穿在身上的模樣。現在，你已經試穿了這些毛衣，也看過了整個「保留」堆裡的衣物，還能再扔掉幾件嗎？如果分在「保留」堆的毛衣還有超過廿件，想像一下有人付錢要跟你買，你會捨棄哪一兩件呢？也許還有幾件可以扔掉喔。

洋裝、褲子、牛仔褲、裙子，甚至外套和大衣都可以用這種方式刪減。

決定要留下哪些衣服之後，請把打算留下的衣物都試穿一輪，每一件都不能放過。我們花了很多時間陪女性客戶試穿她們想要留下的內衣，試穿是必須的，不試穿就留著是傻瓜做的事，這樣只會讓留下的衣物比以後真正在穿的多很多。決定好要保留哪些衣服之後，請把它們重新掛回衣櫥，然後進行下一個部分。

PRO TIP
把男裝捐出去是很重要的

如果你本人或伴侶很高大（身高超過一百八十公分），那麼，捐贈中心會非常需要你們的衣物。對想買衣服的高個子男生來說，特別是為了求職面試而準備時，最重要的就是襯衫的臂長和西裝褲的褲長不能太短，而大尺寸的鞋子也是如此。這些都是捐贈物品中相對少見的，卻最能幫上忙。

案例：瓊安（Joan）的故事

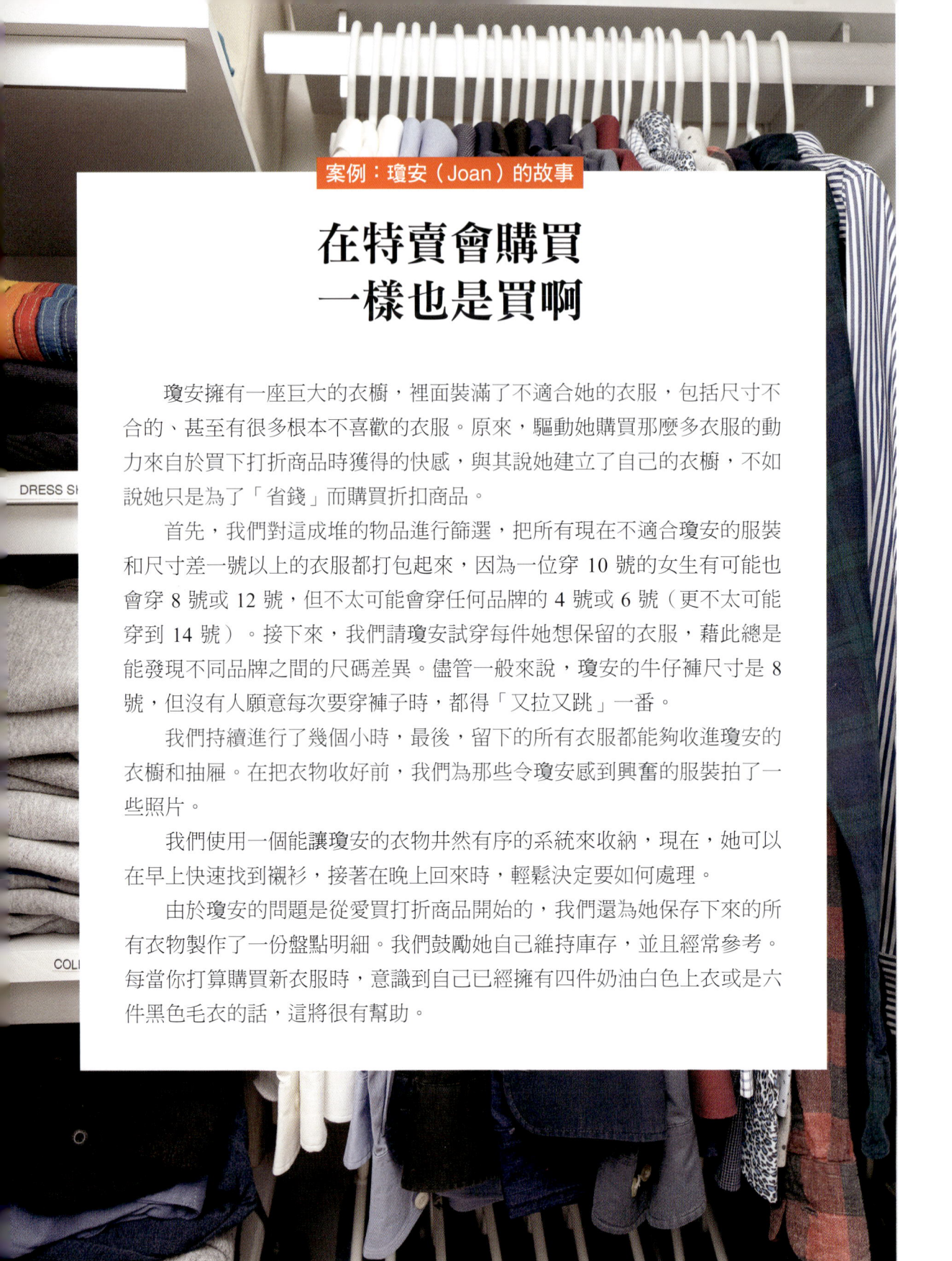

在特賣會購買
一樣也是買啊

　　瓊安擁有一座巨大的衣櫥，裡面裝滿了不適合她的衣服，包括尺寸不合的、甚至有很多根本不喜歡的衣服。原來，驅動她購買那麼多衣服的動力來自於買下打折商品時獲得的快感，與其說她建立了自己的衣櫥，不如說她只是為了「省錢」而購買折扣商品。

　　首先，我們對這成堆的物品進行篩選，把所有現在不適合瓊安的服裝和尺寸差一號以上的衣服都打包起來，因為一位穿 10 號的女生有可能也會穿 8 號或 12 號，但不太可能會穿任何品牌的 4 號或 6 號（更不太可能穿到 14 號）。接下來，我們請瓊安試穿每件她想保留的衣服，藉此總是能發現不同品牌之間的尺碼差異。儘管一般來說，瓊安的牛仔褲尺寸是 8 號，但沒有人願意每次要穿褲子時，都得「又拉又跳」一番。

　　我們持續進行了幾個小時，最後，留下的所有衣服都能夠收進瓊安的衣櫥和抽屜。在把衣物收好前，我們為那些令瓊安感到興奮的服裝拍了一些照片。

　　我們使用一個能讓瓊安的衣物井然有序的系統來收納，現在，她可以在早上快速找到襯衫，接著在晚上回來時，輕鬆決定要如何處理。

　　由於瓊安的問題是從愛買打折商品開始的，我們還為她保存下來的所有衣物製作了一份盤點明細。我們鼓勵她自己維持庫存，並且經常參考。每當你打算購買新衣服時，意識到自己已經擁有四件奶油白色上衣或是六件黑色毛衣的話，這將很有幫助。

鞋子

客戶總是問我們：到底擁有多少雙鞋子才算多？我們可以肯定地說，你現在擁有的數量已經太多了！我們怎麼知道？因為你正在讀我們的書！整理鞋子收藏時，一定要心狠手辣，不僅因為鞋子的體積大、比較占空間，更因為如果常穿，鞋子就容易變得破舊不堪，可能需要更換。那麼，那些完好無損的鞋子該怎麼辦呢？它們可能因為你沒在穿而看起來很不錯……這也是必須清理掉它們的原因喔。

我們明白這對許多人來說都很困難。畢竟鞋子和靴子價格昂貴，而做工精良的鞋子也不會很快磨損，即便過時了也應該留著。並且，作為成年人，也不會因為年紀增長而穿不下，除非你像我們一樣，腳掌也在懷孕期間長大了。但實際上，根本沒有理由留著沒有在穿的鞋子。處理這些鞋子可能會很痛苦，但是現在穿 9 號鞋的女生永遠不會再穿回 8 號鞋了，生完孩子後，你不可能像恢復腰圍那樣，輕鬆穿回以前的鞋碼，這是聰明的你早就知道的。但是，穿不下的鞋子還是留在你的鞋櫃裡，讓我們改變這種狀況吧。

現在就去把鞋子拿出來，一雙雙分類放好，同類的鞋子集合在一起。這樣一來，綁帶高跟鞋與普通高跟鞋會分開，高跟女靴與過膝靴也是不同分類。努力停止你的幻想，如果你去年一次也沒有穿過這些鞋子，那麼未來你應該也不會穿了。

盡可能狠下心吧，記住你還會繼續購買新鞋，我們保證一定會的，所以，就算你多扔掉一雙鞋子，之後也會有另一雙鞋取代它的。儘管放手吧，鞋款設計師和製造商在下一季會繼續把楦頭做得更窄、把鞋跟做得更粗，所以，你現在的鞋子很快就會看起來不合適，接著你會購買更多鞋子，永無止境。記得給所有要丟掉的鞋子拍張照片，並且在每次購買新鞋時都看一眼提醒自己。

PRO TIP
你穿的是什麼呢？

不要習慣保留不穿的鞋子！經常有客戶請我們幫忙處理深愛的已故親人的家，我們清理過許多房子，其中許多女主人多年以來，真正有在穿的鞋子只有拖鞋或是舒適的運動鞋而已。然而，她們的鞋櫃裡卻有三十雙高跟鞋與秀氣女鞋，而且都有一雙婚禮高跟鞋。真的有必要執著於一雙在五十年前穿了七個小時的鞋子嗎？

留下珍愛的物件，把它們放置在可以看見、欣賞之處。

有感情的物品

對於有情感意義，卻沒有日常使用價值的衣服，我們該怎麼做呢？例如，大學時穿的帽 T 和舊的 Levi's，不是指那些賣得掉的漂亮古著款，然而二〇〇二年流行的低腰拉鍊奇怪靴型褲、還有來自度假勝地的運動衫、某一年沙灘夏日的短褲和泳衣、從演唱會與馬拉松賽事中收集的 T 恤……這些對許多人來說都很難處理，你不想穿……但也不太想扔掉。

我們的建議是：**首先，減少你的收藏**。先去除任何對你已經不再有意義的懷舊衣物，承認情感有時會褪色不是件壞事。接著，把留下來的物品移出你的日常衣櫥，現在要開始打造「永久保存」的收藏，而這些收藏不該放在你用來收納平常穿的衣物的衣櫥或抽屜，那個空間是衣櫥界的黃金不動產！

這裡有個小祕訣：如果你不想把特殊回憶收在盒子裡，也可以把這些 T 恤和衣物作成拼布，可以實際地永遠保存並使用。

首飾

　　日常首飾最好存放在透明的分格箱裡，而貴重的珠寶則收在保險箱裡。標準的珠寶盒往往採用深色內襯，沒有足夠的分隔區域，因此項鍊會扭曲，成對的耳環彼此分散。假如抽屜有空間，你可以把首飾收納在裡面。但如果沒有的話，首飾疊放在梳妝檯上也很漂亮。

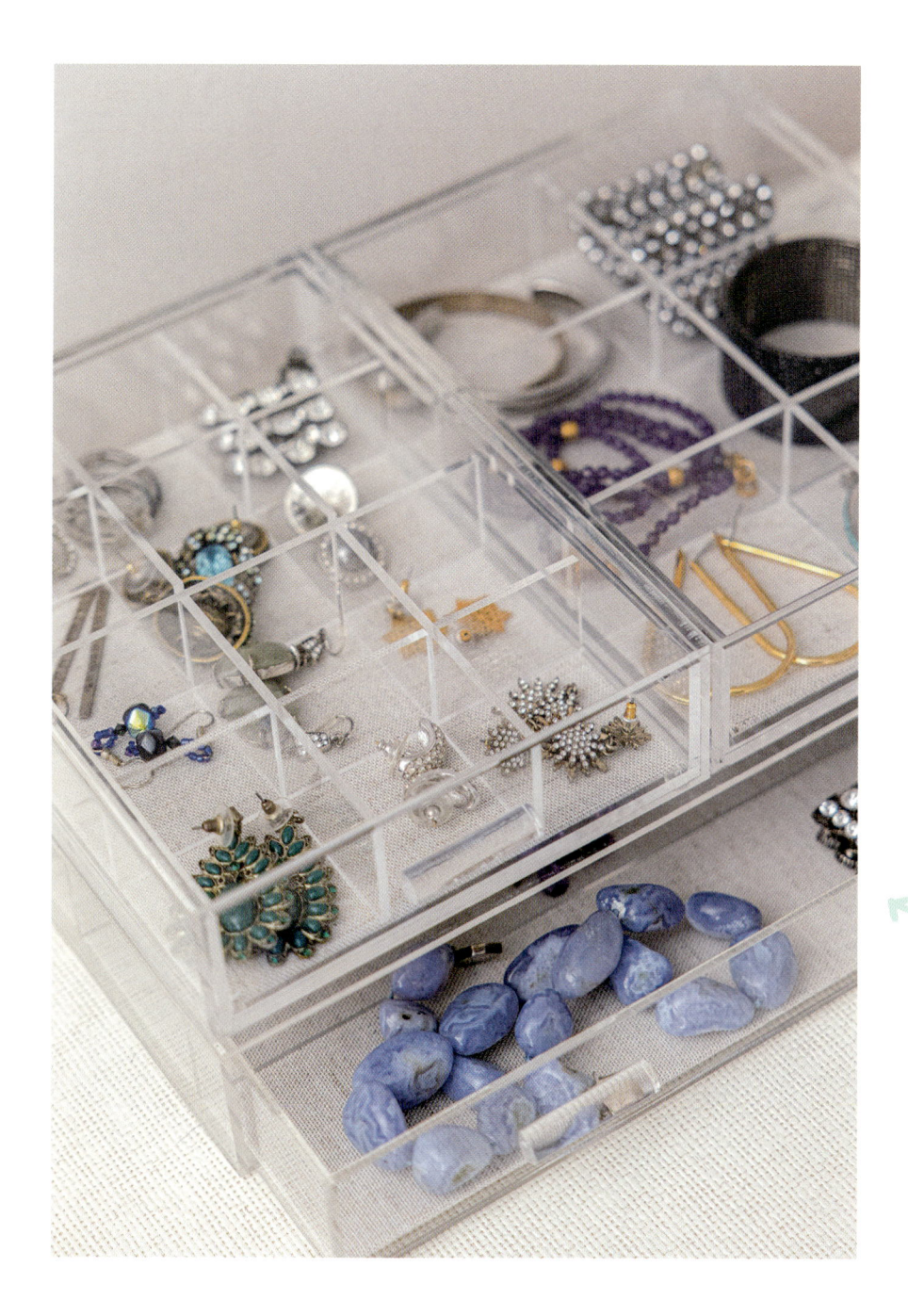

透明的分格抽屜讓你和打結的項鍊說再見！

想像你的衣櫥：
容易收納也容易
找到東西

讓臥室與衣櫥
運作順暢的方法

就像家中的其他區域一樣，維持臥室整潔有序的訣竅在於只擺放適合這個空間的物件，並使用適當的收納技巧，以便於輕鬆找到與收拾物品。此外，還需要準備好能夠讓自己利用每一吋儲物空間的方法；因此，如果你搆不到最上層的架子，可以在衣櫥旁放一把梯子。

PRO TIP
對丟衣服猶豫時，穿上它就知道答案

我們最喜歡的遊戲叫做「穿上一整天，或者把它送人」。假如你對某件衣服、首飾或配件不確定，那就穿上它或把它戴上一整天，這麼做能迫使你做出決定，因為沒有人會想穿著不合身、過時、難看且不舒服的衣服！

這個遊戲是在我們服務一位特別愛惜衣服的客戶時發明的。她的衣服尺碼從未增減過，這讓她理所當然地感到自豪，因為她一直在努力保持身材。她在治裝上花了很多錢，並且熱愛購物。結果，她的超大屋子裡的每個衣櫥都被衣服塞爆了。當時她要出售這間房子，所以需要把衣櫥裡的衣服去蕪存菁，盡可能地空出來。

我們陪她一起處理了好幾天，在家的其他空間都大有斬獲，然而衣服的情況則似乎難以改變。客戶堅持認為這些衣服品質精良，不願意扔掉任何一件，也不能捐出去。但事實是，這些衣服都已經過時了，賣不掉也不會再穿。當她跟我們聊到一件她想留下的套裝時，我們終於想出解決辦法。客戶說她一定還會再穿，一點問題都沒有，儘管這套服裝是在上世紀八〇年代購買的，有墊肩，裙子也很窄。於是我們請這位客戶穿上套裝出門，走過一個街區到街角的星巴克，幫大家買些咖啡。有一分鐘的時間，客戶安安靜靜地一句話也沒說，然後她開始笑個不停。自己穿著那套過時衣服的形象終於讓她明白，留戀那些永遠都不會穿的衣服是多麼瘋狂，假如不進行適當的清理，反而會耗費大筆搬家費用，讓她損失一大筆錢。

破除流言

「床下不應該收納物品？」

在完美的世界裡，我們每個人都能擁有又大又漂亮的更衣間，空間大到怎麼塞都不會塞爆。不過，這種情況很少發生，所以我們得善用實際擁有的空間。

在利用床底下的空間收納時，如果床架本身附有抽屜、或是可以透過油壓支撐掀起整個床墊，輕鬆地利用完整的床下空間，那就最理想不過了。這樣的設計可以讓你不用以肚子貼地的姿勢拖出床底下塞滿鞋子的塑膠袋，也可以避免床下灰塵累積。如果你的床架較低，因此只能塞進塑膠袋的話，可以考慮使用床架增高架（比如大學生使用的那種）來增加床下空間的高度，並且購買有合適蓋子的收納箱，這樣就不會被灰塵弄髒了。

我們也建議在衣櫥裡或衣櫥附近放幾個洗衣籃，一個用來放普通的待洗衣物，另一個用來集中較小件的手洗衣物。另外，為日常乾洗衣物和捐贈衣物分別準備袋子。如果你試穿了同一件衣服幾次，最後都換下來而沒有穿出門，這表示未來你不太可能再選擇這件了。所以，把它放進捐贈袋吧，同時小聲對自己說：「把它交給有緣人吧」以及「這是沉沒成本」。

如果你的衣櫃可以選擇用層架或是抽屜來收納物品，請使用抽屜來收納較小的、不好折疊的衣物（比如內衣褲）、或是因為材質本身不好折疊的衣物（像是運動服）。層架則用來放置較容易堆疊的衣物，比如牛仔褲與毛衣。

在這裡，假如不告訴大家《怦然心動的人生整理魔法》作者近藤麻理惠的「文件摺衣法」，那就太不負責任了。文件摺衣法萬歲，簡直是奇蹟！一旦學會了並開始在日常生活中運用文件摺衣法，你就會疑惑少了這項基本技能的話，該怎麼辦？如果以文件摺衣法摺疊任何種類的衣物對你來說都有難度，請上 YouTube 看看吧，那裡有數以百萬計的相關影片！

我們並非色彩編碼的奴隸，因為我們不想讓整理工作變得更艱難或更費時，但我們確實使用由亮到暗的基本原則來懸掛衣物，帶有圖案的則掛在最後。首先懸掛的是無袖衣物、接著是短袖、最後是長袖。從左到右瀏覽時，隱約可以看出上衣由淺到深的色彩編碼，以及由無袖、短袖，到長袖上衣的排列方式。

運用文件摺衣法，能避免找不到被壓在底部的衣服。

/ column /

在臥室的「充分擁有」理念實踐哲學

妥善規畫衣櫥,少即是多!

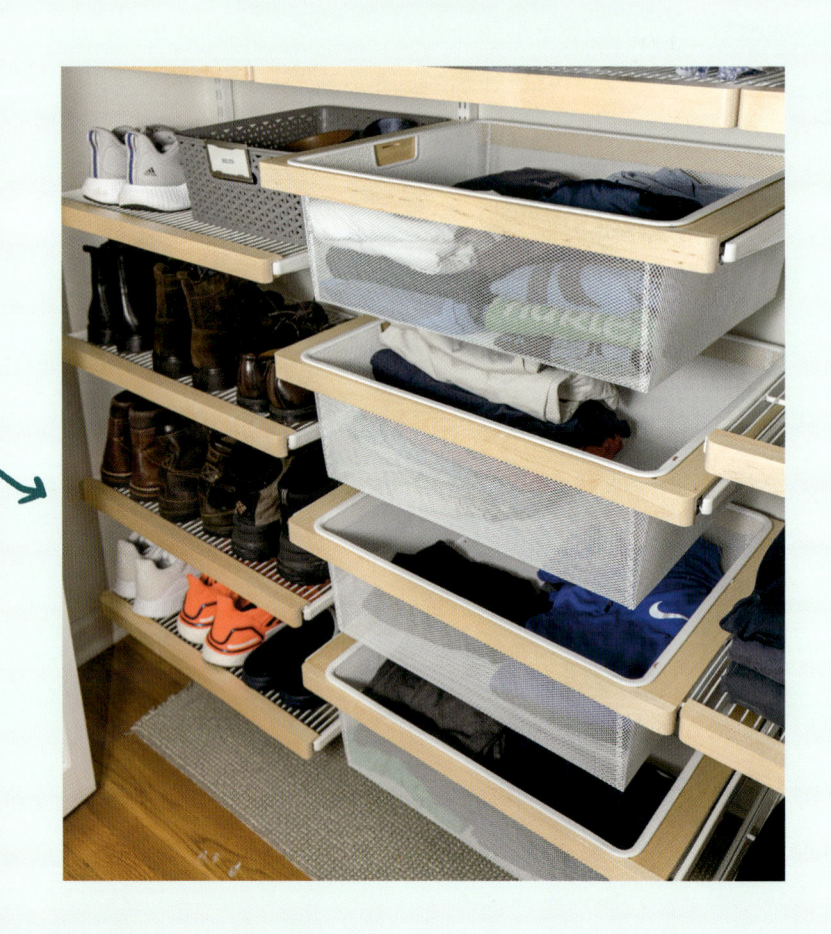

擁有更少物件,更加精心保存

俗話說:「量少質精」。收納衣櫥時請牢記這個道理。按照我們的步驟整理時,你會注意到自己的採買量,如此,你也將能購買自己真正喜歡的東西。當你花時間對衣櫥進行「有意識的投資」,你將能夠找到耐穿並且多年不褪流行的服裝,並盡量避免時髦的剪裁、顏色與材質。無論是上班穿海軍藍西裝外套還是一條百搭的 Levi's 牛仔褲,經典款服裝的壽命會比一季更長久,同樣道理也適用於鞋子、配件與首飾。當你因為一件高品質服裝的價格而猶豫時,請記住,如果一件衣物可以保存許多年,那麼每次平均穿搭成本會讓價格更合理。

一旦擁有了夢寐以求的衣櫥，就需要刻意地妥善維護所有物品。不管衣物清洗標籤上怎麼寫，乾洗並不總是最佳選擇，通常，手洗並風乾精緻衣物是更好的選擇。乾洗店所使用的化學物質可能比較刺激，最終將縮短你的衣褲壽命。顯然，西裝及西裝外套等衣物則非如此，但如果稍加研究，你將驚訝於原來有很多衣服自己在家就能清洗。

說實話，我們必須承認運動服不是很耐穿，如果你一直穿著這些衣服健身，而非僅僅穿去買菜，遲早需要汰換。好消息是，我們擁有保持運動服氣味清新的小訣竅，清洗衣服時，請把一瓶蓋的洗髮精加在穿過的運動服以及待洗衣物中，這樣就不需要再因為無法去除汗味而丟掉完好的衣物了。

購買任何衣物之前，請先針對品牌做點功課。許多公司都有品質保證，這樣你就知道自己買到的是優質產品，現在甚至還有些品牌提供回收計畫。知道自己的衣物在生命週期尾聲也能獲得妥善處理，如此一來，多花點錢也值得。

環保點子

對環保來說，「快時尚」這個商業模式帶來無法想像的問題，以個人來說，友善環境的最佳方式是減少採購服裝的數量。停止衝動購物吧！仔細考慮自己是否真的必須擁有新衣服，以及是否真的會穿。我們可以教導你如何有效地清理衣櫥，但最終目標是避免每隔幾個月就進行一次大規模清理。採購得越少，就越不需要丟棄衣物，對地球所造成的污染也越少。

還有些很棒的環保作法，就是到你所屬區域的二手商品店、跳蚤市集與二手市集等處購物。

維護方法

每個月或每季整理清洗乾淨的衣服時，試著多花幾分鐘整理抽屜櫃。如果感覺任務艱鉅，那就表示抽屜裡的東西太多了。整理之所以變得困難就是因為在空間裡塞進太多東西，只要先清除不必保留的物件，再把剩下的東西一一放回原位，接下來保持整齊就會容易多了；但是，假如你持續購物，又不定期進行整理與清除，東西就會愈塞愈滿。如果你發現自己開始把洗乾淨的衣物堆在抽屜櫃上，或者放在洗衣籃裡，而不是好好收納，快挑選幾件前一次整理時保留下來卻沒再穿過的衣物，把它們放進捐贈袋裡吧。

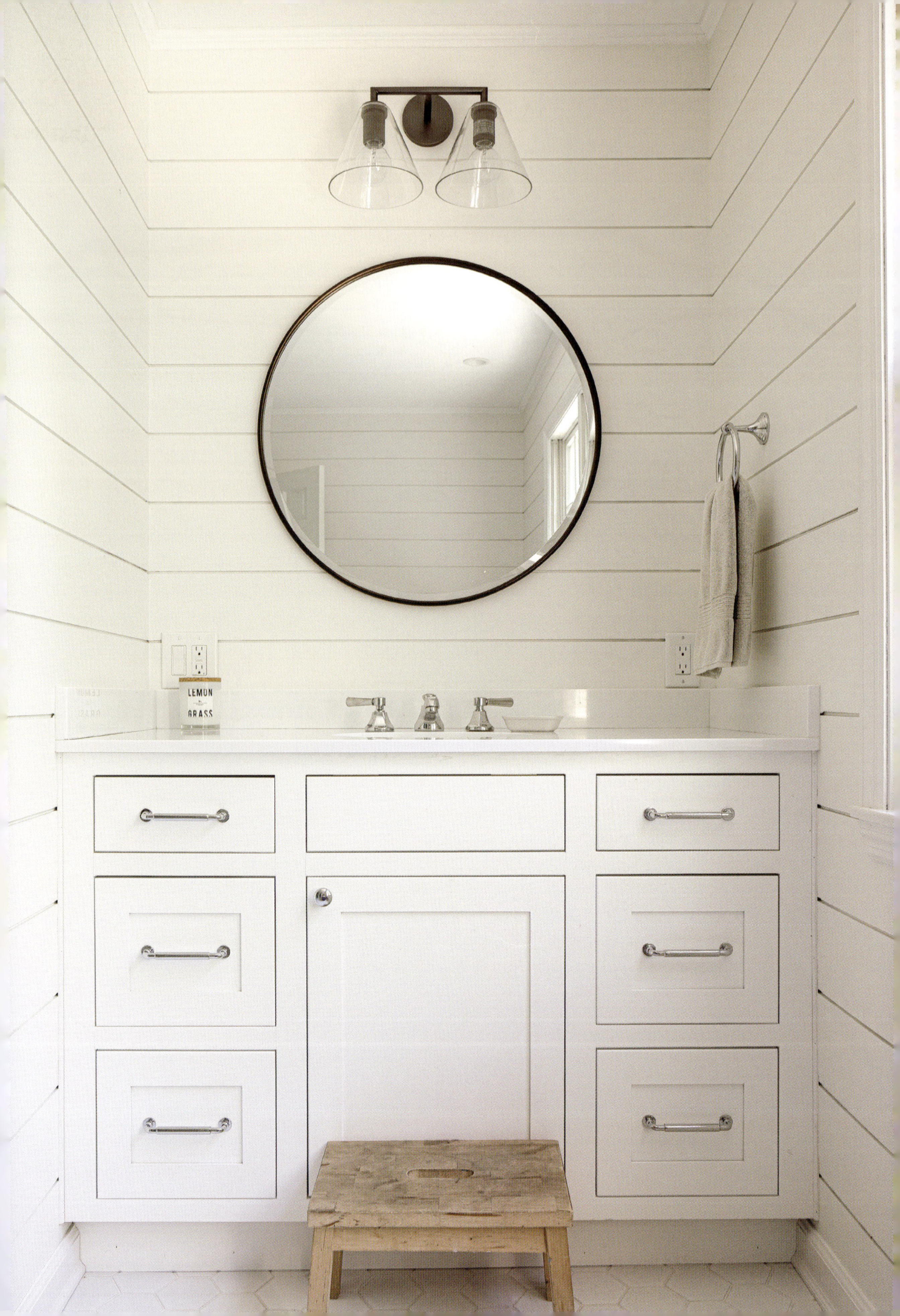
LEMON
GRASS

衛浴 Bathroom
乾淨又好打理的放鬆空間

簡單俐落的浴室，令人感到神清氣爽。衛浴空間是我們主要進行自我護理、清潔的場所，因此如果這裡井然有序，就算早上只花五分鐘打理自己，一整天也都會感覺良好。

整潔有序的衛浴空間還能讓你早上出門時看起來乾淨俐落、更有餘裕、工作時充滿效率，從而減輕日常壓力。想要讓自己每天都擁有體面的外表，多半都需要在衛浴空間進行（吹整頭髮、護膚、化妝等）。所以，一旦這個空間雜亂無章又功能失調，早上的準備工作就不容易進行了，更可能拖延其它事情。

家裡有小孩子的話，在晚上想要安靜地泡澡恐怕是個遙不可及的夢想。不過，千萬不要放棄希望，假如你的浴室井然有序，讓你不必在放熱水裝滿浴缸之前，還得花上一番工夫收拾孩子的鯨魚、小船等兒童沐浴玩具，就能直接點上蠟燭，那麼泡個舒服的澡還是可行的。每次孩子們洗完澡後，黃色小鴨應該乖乖地回到自己的位置。

凌亂無序的浴室會為生活帶來許多小問題，讓日子變得難熬：

- 忘了買新的浴廁除臭劑？希望不是發生在夏天。
- 沒有發現沐浴乳用完，就得改用難用的肥皂。
- 沒發現刮鬍泡泡用完了？今天無法呈現俐落帥氣的模樣！
- 找不到真正需要的髮膠？又是髮型很糟的一天。

衛浴空間的形狀和大小都不同，但一般來說，浴室都比家裡其他房間小，並且往往堆積大量「商品」，這些因素如果湊在一起，一場混亂的完美風暴就形成了。

你是如何使用衛浴？

列出你自己以及共用浴室的人，使用衛浴空間的方式：

- 你是在早上洗澡還是在晚上洗澡呢？
- 你每天化妝嗎？還是幾乎從不化妝？
- 你在浴室裡化妝嗎？
- 你在浴室吹整頭髮或拉直頭髮嗎？
- 你喜歡使用乳液與美容液嗎？還是喜歡購買多於使用？
- 你上次在家裡敷面膜或修剪指甲是什麼時候？

這些問題的答案將幫助你在整理收納屬於衛浴空間的商品時，做出明智的決定。

你會到這裡來喘口氣，還是只是公事公辦？

Chapter 3・衛浴 Bathroom / 73

Crest
complete
scope
EXTRA WHITENING+
long lasting
freshness
Dove
fresh
cool essentials

K
ANTI-WRINKLE
activated by vitamin a - rich rhubarb extract
tarte
bliss
that's incredi-peel
ORIBE
Superfine Strong Hair Spray
WELLA
Playa
Pure Dry Shampoo
Rose Petal Powder
Star Anise
masque BAR
ROSE GOLD FOIL
FARMACY
BRIGHT ON
PETER THOMAS ROTH

思考衛浴物品的分類與去留

除非你家的衛浴空間大到可以讓你把所有檯面上與地面上的物品分類放置，否則，請先使用洗衣籃收集放在各個櫥櫃及抽屜裡的所有物品，接著把這些東西搬運到可以攤開來的空間。搬運工作可能會讓你來回好幾次，但是能一口氣看到所有的小物件是值得的。注意：我們不太會想在臥室裡進行分類，因為從浴廁搬出來的東西通常是液體，包括可能會溢出的乳液和洗髮乳、還有可能會沾到其他物品而把環境弄髒的化妝品和指甲油。

浴廁用品的分類尤為重要，身體清潔產品、護髮產品、打掃清潔劑等，**分好大類別再接著進行小分類**，比如，美髮產品這個大類之下，可以再分為噴霧髮膠、洗髮乳、護髮乳、美髮凝膠、乾洗髮、染髮劑、排梳、扁梳等。藉著分類，你可以迅速發現採購上的問題。

快速瀏覽一下每個大分類與之下的小分類，挑出所有沒在用也不會再用的物品。假如這些東西都已經開封或過期了，那就是真正的垃圾，除非你知道某人喜歡這個產品，並且想要接收你不用的。換句話說，沒人想要用過的或過期商品。

PRO TIP
小東西也會堆積成山

有的人很喜歡蒐集出國旅行時搭飛機或住飯店時提供的，小小的、可以放進口袋的衛浴旅行組，想著可能下次旅行時可以用，或是讓來家裡的客人使用，或者「以備不時之需」。但實際上，我們很少使用這些東西，雖然它們的體積小，放在一起卻佔了很大空間。如果你不想浪費，可以把這些牙刷、洗髮乳、沐浴露和漱口水，一組一組裝進小袋子裡做成贈品組合，捐贈給真正需要的人。想保留一些的話，請集中收納在箱子或盒子裡，並妥善標示。箱子塞滿的時候，你就知道該停止把飯店裡的備品拿回家了。

為你生命中的某人準備一個禮物之前，請慎重地考慮，並且只贈送良好的產品。把自己買了又不用的東西扔給別人並不是件好事，如果有幾乎沒用過的良好物品，或是未開封的商品，可以考慮把它們送給真正懂得感謝的朋友或家人。

　　　我們想要傳達的是，請對自己購買的物品負起百分之百的責任，而不是依靠別人來幫你擺脫目前的困境。

　　　有些人很有信心，認為只要換一種髮膠，就能一勞永逸地解決濕氣帶來的毛燥。但是很可惜的是，儘管髮膠都各有用處，但沒有一款髮膠是完美的，所以我們一直在購買新的髮膠。就算你每年只會做幾次這種事，卻從不扔掉舊的髮膠，到最後你就會擁有四到六款不同的髮膠，甚至更多。請從這一堆髮膠中選出你最喜歡的一款，接著再選一款。把剩下沒有被選擇的暫放在待定區，之後我們會再回頭檢視它們，正如我們整理廚房時教導過的方法。如果有三款髮膠是你今年一次都沒有用過的，這表示你不會再選擇它了，淘汰吧！

美妝產品

　　　彩妝、化妝品、乳液和美容液等產品的售價大部分頗為昂貴，因此如果不合用，我們會很難接受把這些裝滿希望變漂亮的瓶罐，尤其是價格昂貴的商品放進垃圾袋。

- 在逛街時，那支指甲油的顏色看起來新奇又漂亮，可是現在看起來不適合了？你以後也不會再喜歡了，這就是個錯誤。
- 那支顏色和你平時塗的大相逕庭的口紅，你一直把它留著，因為不想浪費錢。不幸的是，錢已經花了，口紅則留在這裡提醒你之前花的冤枉錢。

　　　這就是美麗的「沉沒成本」，嘗試新事物並沒有錯，每個人都會想要這麼做，問題在於不接受某些東西無法起作用。一旦你決定放棄某件商品，而轉往其他更好的選擇，以後就不太會改變主意再回頭嘗試。你可以再試擦一次這些口紅或指甲油，但你不會真的這樣出門。如果清楚地知道自己擁有哪些商品以及哪些適合你，未來就不會再把金錢浪費在這樣的東西上了。

這些商品中
有哪些真的
適合你？

Chapter 3・衛浴 Bathroom / 77

案例：艾瑪的故事

小空間策略

　　艾瑪與丈夫及他們的四個孩子共用一間狹小浴室，於是，透過只在浴室收納少量物品，我們讓她的衛浴空間發揮功用。經過大規模的清理，**我們在浴室的洗手槽下放置了堆疊式收納箱**，用來存放日常必需品，並增加了一座獨立收納層架來存放日常用品。艾瑪說，現在和孩子們一起刷牙的親密時光，是她一天中最棒的時刻。

小型衛浴空間

比起其他房間，**在浴廁裡妥善運用垂直空間的效果更加顯著**。能夠放置儲藏箱的獨立式架子，可以提供大量收納空間；更深更高的開放櫃或是馬桶上方的儲物空間，都能帶來大幅改變。

讓衛浴空間
運作順暢的方法

大規模清理完所有不用的東西後，我們就可以開始把要留下來的物件一一整理放入收納箱中。

在衛浴空間裡，我們建議使用透明塑膠箱。很多時候我們不加上蓋子，但收納化妝品與盥洗用品時，蓋子就很有用了。附蓋的平價塑膠鞋類收納箱寬度較窄，並且易於堆疊，既能夠透視，也可以輕鬆貼上標籤。如果你有足夠的空間，盡可能地進行更細的分類。而空間有限的話，需要的可能是幾個較大的收納箱，讓你能夠在「美髮用品」箱裡儲藏噴霧、慕斯、排梳、扁梳、整髮器等。

我們也建議在浴室裡放置比家中其他空間裡更多的收納箱，主要是因為這樣可以輕易地記錄你已擁有的東西，避免採購更多。當同類商品都收集在一起時，我們就很難自欺欺人了。你知道自己不知不覺中擁有了廿支口紅嗎？把散落各處的口紅集中收納小盒子裡時，事實就擺在眼前了。

塑膠收納箱可以為混亂的櫃子帶來秩序。

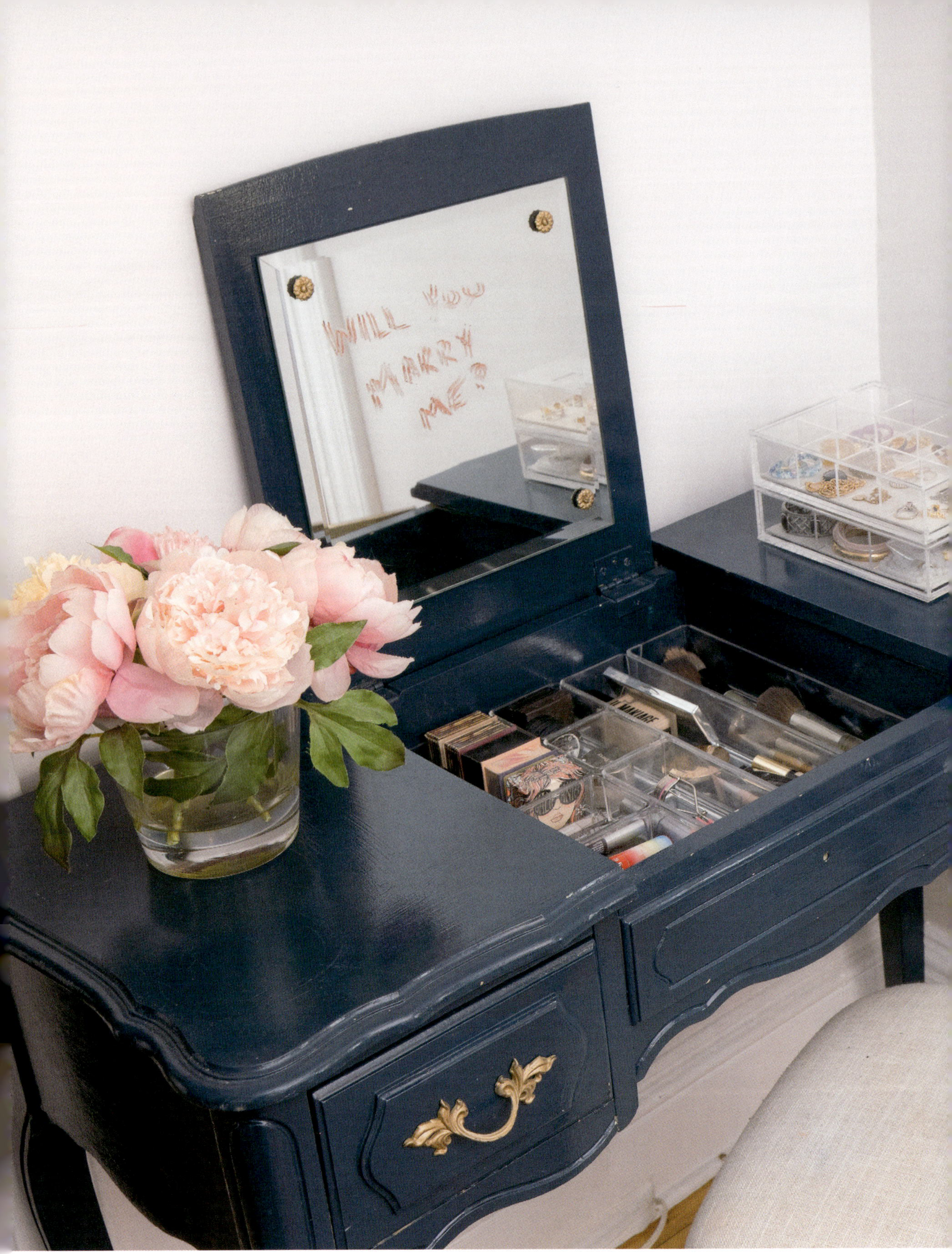
WILL YOU
MARRY
ME?

破除流言

「梳妝台早就不流行了？」

　　梳妝台看似已成為過去式，就好像坐在餐廳裡，用精緻瓷器吃飯一樣。但老實說，在臥室裡放張梳妝台可以翻轉一切。梳妝台可以為浴廁挪出空間，用來放置真正需要待在那裡的東西，並且讓伴侶能夠在你化妝的同時打理自己。此外，睫毛膏、口紅、粉底液等化妝品的體積都很小，很容易掉在浴室的水槽下，或是散落在用來放毛巾和吹風機的浴廁櫥櫃裡。

　　梳妝台也能幫助我們保持誠實，因為梳妝台的抽屜都不深，可以讓我們一眼看見所有實際使用的物件。那裡儲藏不了太多東西，因此我們不會光是看一眼就頭昏眼花。有個不錯的解決方案，就是把日常化妝品收納在梳妝台，把備用化妝品收納在浴室的塑膠箱，只要一個塑膠箱。

　　假如空間足夠，梳妝台也可以放在浴室裡，甚至是浴室門外。

/ column /

衛浴裡的「充分擁有」
理念實踐哲學

購入高品質的物品,能夠節省金錢與時間。

投資一項優秀產品，勝過一直買便宜但易壞品

浴室裡使用的許多商品，例如吹風機、平板夾、電捲棒、化妝用刷具，售價範圍很廣。你可以用很便宜的價格買到吹風機或平板夾，但以長期來看，便宜的商品會給你帶來多大損失呢？根據我們的經驗，在這個類別下，存錢購買高階產品絕對是值得進行的「有意識的投資」。這些商品可以用上好幾年，並且會像廣告宣傳的那樣有效，這支平板夾真的能把頭髮夾直，多棒的概念啊！

我們之所以購買化妝品和美容產品，通常是為了要解決某個問題（比如毛躁的頭髮、乾燥的皮膚、色斑等等）。有時候我們似乎覺得，產品愈多就愈能解決問題，而事實上，投資一項優質產品的效果會更好。買盥洗用品買到超支，可能會讓人感到害怕，所以在購買前，請先試用新產品的樣品。

化妝刷具是你可能會一買再買的類別，但是假如能夠購買優質刷具，並且花心思好好保養，或許就可以不用反覆購買了。專家建議每兩個星期或在發現明顯的積垢時，清洗一次刷具。刷具有專用的清潔產品，不過，嬰兒洗髮精也有同樣效果！

清潔化妝刷具時，也別忘了你的平板夾、電捲棒和梳子，這些商品也都需要清潔保養。在新買的化妝品底部標上日期，這樣就能隨時知道它們被使用了多久。

環保點子

盥洗用品大多使用塑膠包裝，而這些包裝比空汽水罐更難回收。有些優秀品牌正在致力於減少使用塑料，例如牙膏片與洗髮皂、可重複使用的化妝棉和竹製牙刷等。只要簡單做些替換，對環境的衝擊會有天壤之別的差異。

維護方法

大掃除幾個月後，你可能會開始找不到浴室裡某樣新買的東西，OK繃、刮鬍膏、唇膏等等，儘管你明知道它們就在浴室裡的某個地方，但就是遍尋不著。請注意，這是你所建立的秩序正在逐漸消失的信號。這時候抽出點時間，把所有東西找出來放回原處。如果你與他人共用浴室，這間浴室肯定無法完全按照你整理後的樣子保持下去，但這不意味著你只能放任它不管。每個月重新恢復浴室的秩序，幾乎不太需要花時間，但是如果隔太久才整理，就得花上好幾個小時整理。

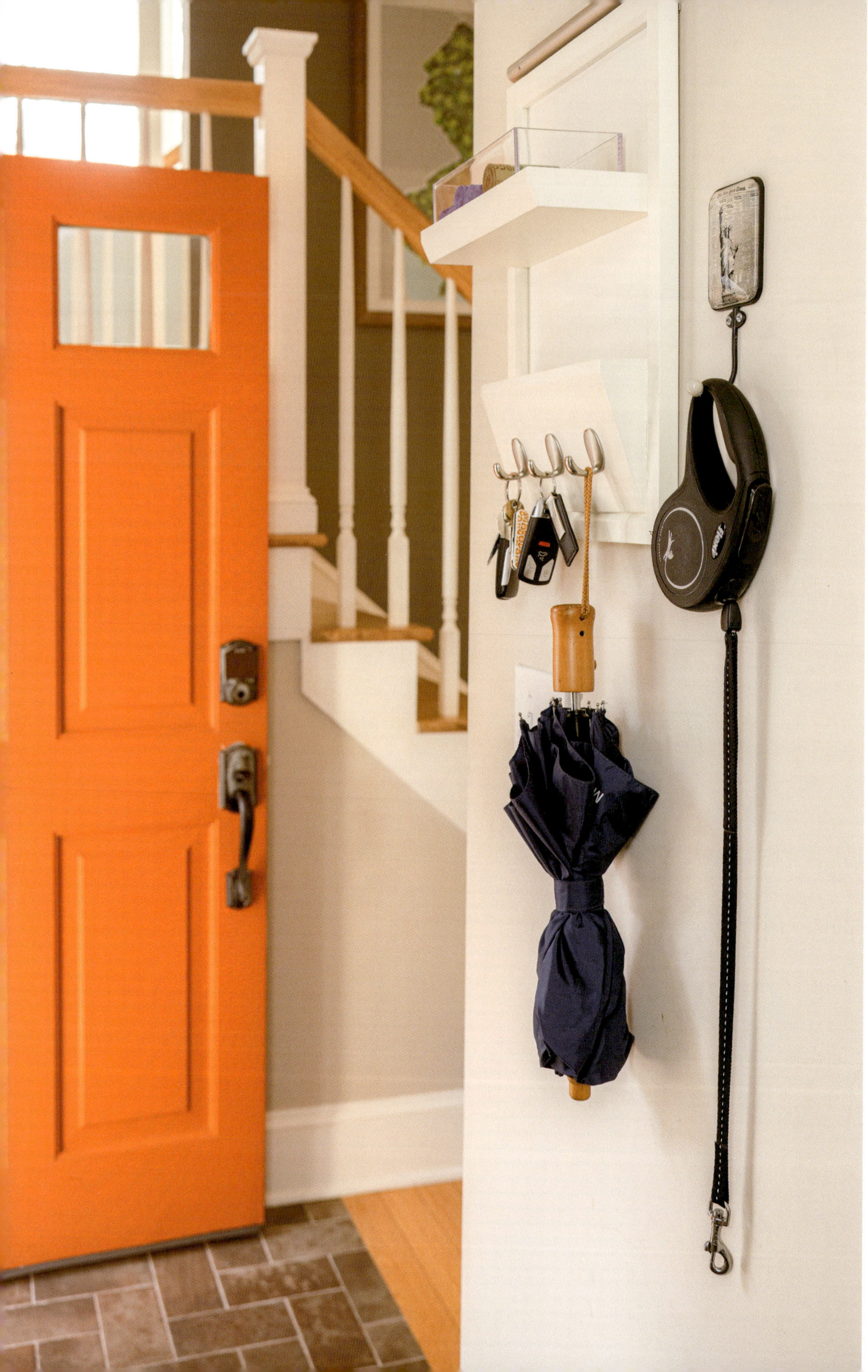

玄關
Entry Spaces

有效運用儲物收納空間，
讓進出家門順暢愉悅

如果你家的玄關，不管它實際上是鞋櫃、收納櫃、或者只是簡單的卸貨區，都能整理得井然有序，你就能自信地為生活做好準備。

然而，假使這個地方堆滿了不需要待在那裡的東西（退貨箱、禮物、包裝紙、捐贈物品、節日裝飾品、燈泡、電池等），其他真正需要待在那裡的物品毫無存放空間了。這也意味著，它們無法按照設計的方式發揮功能，而這將會導致惱人的後果：

- 找不到鑰匙？孩子上學又遲到了。
- 找不到狗鍊？又沒辦法遛狗了。

準備出門時遍尋不著所需物品造成的壓力，會給所有人帶來不愉快的氣氛。但是，如果出門時所需要的一切都放在玄關：

- 不須在下雨天浪費時間找雨傘。
- 各種天氣之下，都能帶對外套或夾克。
- 孩子們能知道從哪裡可以拿出自己的背包、鞋子和外套。

讓玄關空間可以順暢運作，符合家人的需求，就不會再有人問你：「媽媽，我的球鞋在哪裡？」「老婆，車鑰匙放在哪裡？」同時意味著這些瑣碎的日常壓力將不再是你生活的一部分。玄關的整理關乎家裡住著甚麼人以及各位的生活方式；同時決定了哪些東西該留下、哪些物件得移走，以及你如何有效管理這個空間。

你是如何使用玄關？

玄關的使用方式取決於你將它視為一座鞋櫃、一精心設計的儲藏空間，還是沒有多餘空間的出入通道。此外，你得要問自己以下問題：

- 現在這個空間裡，是否有與進出家門口無關的東西？
- 這裡是否缺少了一些能讓生活更便捷的物品，但是卻放不下？
- 孩子們能夠自己把東西放好嗎？他們搆得著嗎？是否有讓他們方便使用的掛鉤與收納箱？
- 日常活動（如遛狗）所需的物品，是否擁有專屬收納箱或掛鉤？
- 你們家是把鞋子放在大門口嗎？如果是，是否有放置鞋櫃？

請清楚地記住這些問題的答案，這將能幫助你如何更有效地規劃並使用空間。

你是否在這裡整裝待發、卸下手提袋或背包、還是接待客人呢?

Chapter 4・玄關 Entry Spaces / 87

思考玄關物品的
分類與去留

　　玄關櫃裡的物品不容易扔掉，原因很簡單，這裡的物品通常價格比較昂貴，而且有朝一日有可能會需要，或是讓你覺得自己需要，像是正式的大衣與時髦的冬靴。要是突然碰上正式場合，難道你會穿上白T恤或飛行夾克去參加嗎？

　　現在是清理的時候了。如果你家的玄關同時有收納櫃與開放式儲物空間，那麼，這兩個區域應該同時進行清理，因為兩邊存放的物品是相關的。

需要考慮的類別：
- 大衣
- 靴子與鞋子
- 冬季裝備（帽子、手套、圍巾）
- 提袋與背包
- 雨傘
- 運動裝備
- 寵物用品
- 太陽眼鏡
- 防曬乳和防蚊噴霧

　　清理這些物品之前，首先要按使用者將物品分組。如果這些物品只有你一個人使用，那就按照我們在其他空間的做法，將同類物品分成小類別，看看自己到底有哪些東西；把大衣分在一起，接著按照用途（雨衣和夾克）或材質（羊毛、羽絨等）繼續分成小類別。

　　把伴侶的所有物品單獨放一堆；如果有孩子，把每個孩子的物品再分成各自單獨的一堆。請伴侶親自一件件看過自己的大衣和外套等物，以決定要保留或丟棄；不留但仍可使用的物品，就以捐贈方式處理。

　　假如孩子能加入整理工作，那真是太棒了！但不要期望孩子會滿懷熱情地參與，如果孩子看起來興致缺缺，就盡你所能地徵求他們的意見。

除了大衣與靴子，雜物間還可以收納其他實用的日常生活用品。

Chapter 4・玄關 Entry Spaces / 89

破除流言

「為了讓玄關看起來美輪美奐，所有層架都必須加上門板？」

假如家裡有孩子卻沒有儲藏室，可以考慮像我們的客戶一樣，為玄關添購一些大整理箱。儘管這組客戶住在寬敞漂亮的公寓裡，他們三個兒子的網球包、背包、足球以及他們帶回家的各種物品，卻沒有合理的放置空間，於是這些物品註定要一再被丟在外面。客戶的想法是好的，她不喜歡玄關亂糟糟的，但學齡的兒子們能夠參加體育運動讓她感到開心，所以她接受了這些雜亂無章的東西，把它們當作為母樂趣的一部分，並使用大整理箱來控制這些混亂。

先把本來就不該待在玄關的東西都收拾起來，移到廚房或其他不會引誘你把這些東西扔回原處的空間。依照你家的實際情況，有些物品可能必須留在玄關櫃裡，比如網球拍（如果真的用得著的話）與寵物外出籠子，因為如果你居住在大樓公寓裡，生活空間非常有限。而對於其他人來說，請不要把那些放在雜物間、車庫、地下室或閣樓更適合的物品留在玄關櫃子裡。

雨傘

徹底清空收納櫃，將同類物品分成一類，再分成小類，例如摺疊傘與直傘要分在不同小類。我們曾從客戶的玄關櫃裡找出四十六把雨傘，所以，如果你也在玄關的櫃子裡發現幾把傘一直待在那裏，而且你根本想不起來，也不要太責備自己。

問問自己這些雨傘裡有多少把在去年使用過，是三把？五把？完全沒有嗎？雨傘的數量之所以會增加，是因為它們經常被當作活動的贈品，上面還印著公司標誌。正因如此，有次年輕時尚的小姐隨手從家裡的傘架上拿起一把傘走出門，當她撐著傘走在街上時，許多男子笑盈盈地望著她，直到她抵達目的地準備收傘時，才發現傘面上印著花花公子的標誌和雜誌名稱。

想想你有多少把傘，再想想家裡人數及今年能用到多少把。和其他類別一樣，它們有時是花錢買的，而且很多時候狀態還非常好，但你可能活到一百歲也不會用到你現在擁有的廿支傘（況且你還會拿到更多），所以還是放手吧。也請考慮有多少空間可以收納雨傘，如果傘桶或傘架只能容納五把傘，就不要留下十把傘。

PRO TIP
多餘的雨傘可以放車裡

放兩把雨傘在你的車裡，它們幾乎不占空間。如果在你需要時，有它們在的話，你會非常高興。

帽子、手套和圍巾

　　雨傘已經處理好了，現在就用同樣的原則來處理手套、帽子、圍巾和其他所有小型物件吧。或許你需要將它們分類，來判斷每種物品應該留下多少數量。如果你和他人共用這個櫃子，請盡量將各自的物品分別放在單獨的箱子裡，畢竟如果你們穿著的款式與尺碼不同，把所有手套都收納在一起不會帶來幫助，大家需要知道自己擁有哪些物件。

　　如果每次出門都選擇露出拇指發送簡訊的運動型手套，就沒有理由留下四雙時髦的皮革手套。是的，這些都是花錢買的，是的，它們狀態都超好，但既然你不會使用，它們對你來說就沒有用處了。宇宙正在召喚它們，把它們扔進捐贈袋吧。

不必再四處尋找你的帽子與手套！

大衣和夾克

　　夏天的防曬外套或冬季的大衣，體積很大、很佔空間，同時也是價錢昂貴的罪惡感製造機。它們必須被移開或處理掉，否則你的收納空間將永遠無法發揮功能，反而成為出門前的絆腳石，讓你難以輕鬆出門，更不用說有時還得用來掛一、兩件訪客的外套了。

　　你能想像那種悠閒感嗎？打開門，伸手拿支空衣架，同時看到朋友驚訝到下巴都掉下來？你朋友應該也有十年無法幫訪客掛外套了，所以這會讓他印象深刻，他可能會詢問你怎麼做到的，而你發現自己開始在大肆談論「物以類聚」和「沉沒成本」等整理祕訣。

外出才會用到的小物件，
收納在附近。

GLOVES
MITTENS

WINTER HATS
MEN

Chapter 4・玄關 Entry Spaces / 93

讓玄關運作
順暢的方法

　　通常在狹小的空間，尤其像是玄關收納櫃或儲藏室這樣以功能性為主的空間，保持一切運作順利的訣竅不僅在於整理方法，還需要合適的收納方案。

　　假如重做一個壁櫃的可能性不高，而你又搆不著高處的架子，建議在衣櫃裡放一個小梯子（在其他有搆不著的高櫃層架的房間裡也一樣）。與重新訂製櫃子相比，準備梯子的花費並不昂貴，並且往往能帶你進入新的收納世界，否則，這個空間會一直是個混亂的黑洞。

　　一如既往，空間主宰了你可以合理保留的物件數量，但中心思想應該是你能夠隨時取用自己實際上會穿戴、使用的物品。假如所有的帽子、手套與圍巾必須一起收納在玄關裡的儲物空間，保留的數量，就得比能夠在儲藏室為每類物件單獨準備一個收納箱的狀況少一些。

　　如果你家有小孩子，可以考慮在玄關附近為孩子騰出一塊小區域，裝上掛鉤來懸掛他們的外套與背包，再放一把小凳子，凳子下方放個收納籃，用來收納孩子們的鞋子。

　　無法輕鬆搆著大衣懸吊處上方的層架時，請避免把東西放在上面。假如你與高個子的人同住，他們又能夠搆著層架，那麼，把他們的東西放在高處會比較合適。

　　此外，花錢採用系統櫃來重做室內設計也是一種選擇，在店家的協助下，無論是透過專人設計還是在線上處理都很容易。

在易於取得處隨時準備方便使用的梯子，這樣才能隨時搆著放在高處的物品。

PRO TIP
高度很重要

只要有可能,請盡可能讓孩子擁有適合他們身高的收納箱與掛鉤,如此他們才能打理自己的物品,目的是讓孩子學會自主,越早讓孩子學會處理自己的事物,自主就能愈快實現。並且請牢記,雖然蓋上蓋子看起來比較整齊,但蓋子也會使孩子與大人更不容易收納、更難找到需要的東西。

Chapter 4・玄關 Entry Spaces

破除流言

「只要擁有儲藏室，
一切都會變得簡單？」

　　確實，這可能讓一切變得容易，但也可能不會。讓孩子各自擁有寫著自己名字的櫃子的大型雜物空間，是現在最流行的設計，這看起來賞心悅目，但並非必要。只要每位家人都擁有適量的衣物與裝備，只要玄關櫃裡放得下屬於那裡的物件，那麼即使是最小的空間，也能夠發揮作用。

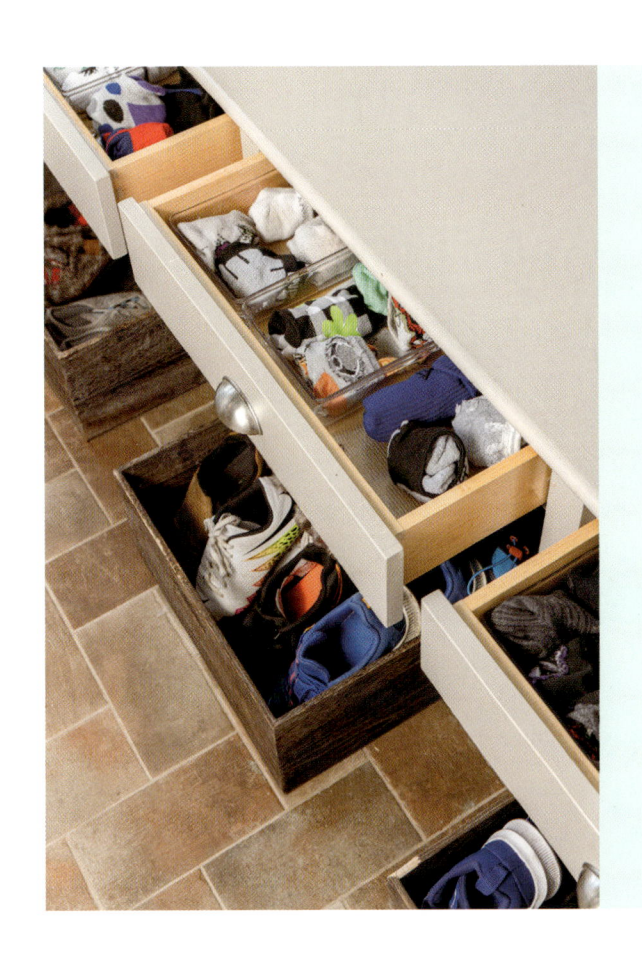

PRO TIP
層板與抽屜

· 在玄關櫃附近設置抽屜非常有用，它可以收納太陽眼鏡、防曬乳、鑰匙、髮帶、梳子等，假如在櫃子上方掛一面鏡子，就能在出門前快速地檢查儀容。此外，抽屜也可以收納手套與帽子等小物。

· 在玄關櫃內的下半部，安裝收納層架，就能妥善運用每一吋空間，並且又不像鞋架那樣只能放鞋。如果安裝在離地面大約三十公分的高度，仍然可以輕鬆利用下方的空間，還能為鞋靴增加一倍空間。

假如你或孩子搆不到最上面的層架，可以考慮在櫃子的一側安裝較低的置物架。

這裡可以放置每位家人專屬的手套、帽子等小物件收納箱，或許還可以放置一個遛狗繩與袋子的收納箱。甚至，你還可以為環保購物袋設置一個收納箱，這樣就不會再忘記帶出門了。

別具意義的物品

家裡有孩子的話，可以考慮在玄關櫃子的層架上放一個「永久保存」收藏箱。玄關是要讓孩子把背包清空的地方，所以如果有些物品是你想保存的，可以把它們收進這個收納箱裡。孩子的繪畫作品或學校作業可能會先成為冰箱上的藝術品，但你應該還是會希望有一個收納箱放在玄關附近，讓人一進門就看到，而不是收起來，畢竟，很多家長最後都把孩子的作品收在主臥室的衣櫃裡，不見天日。

/ column /

在玄關的「充分擁有」
理念實踐哲學

投資好物件，
並為各種天候
做好準備。

季節性需求

如果你居住的地區經常下雨，請添購一把高品質的雨傘。大家都覺得雨傘很容易弄丟，所以買便宜的就好，但如果你進行了「有意識的投資」，你就會像愛惜手機一樣，珍惜功能完好的雨傘。廉價雨傘永遠不會變得好用，反之，一把好傘能為你在雨天帶來安定感。

玄關空間有些很棒的投資，像是耐用的收納箱、承重力佳的掛鉤、也可能是層架收納系統。請記住，這些空間經常有人進進出出，因此要找到能夠承受各種天候使用，並且不需要特別維護的設備。

許多被扔在玄關的物品都需要在季末精心保養。例如冬衣可能需要水洗或乾洗之後再收起來，以迎接更溫暖的季節。還要檢查一下長靴，看看是否需要修理，然後妥善收納，直到下次需要時再拿出來。

夏季裝備也需要同樣的保養，夏天結束時把漂亮的涼鞋好好清理一下再收起來，以確保明年夏天還能穿。一直放在玄關處的防曬外套與冬天大衣在收起來前，必須確保是乾淨與乾燥的。

環保點子

走出家門的那一刻，你就有機會在玄關做出環保的選擇：

- 以寵物用品來說，選擇可生物分解的袋子裝狗糞便，是種簡單的替代選項。
- 在夏季，無毒防曬乳是明智的選擇。把這些防曬乳放在門邊的收納籃裡，你每天都可以放心出門了，因為你知道自己在為家人和地球盡最大努力。

維護方法

一旦玄關櫃或儲藏空間開始出現混亂，請把玄關封閉一小時來重新收拾，做法就像第一次清理時一樣。這個問題同樣是因為不屬於那裡的東西開始在那裡累積，但是這次，只要花較少的時間就可以解決。

這次你很快就會發現問題所在。現在天氣已經改變，不管佔據了黃金區域的是過多的購物袋、還是季節性的用品，如游泳裝備或長靴，它們都不需要佔用最顯眼的位置。如果能夠在每當開始發現玄關過於擁擠或令人不快時，就立刻著手清理，你一定可以在很短的時間內完成任務。

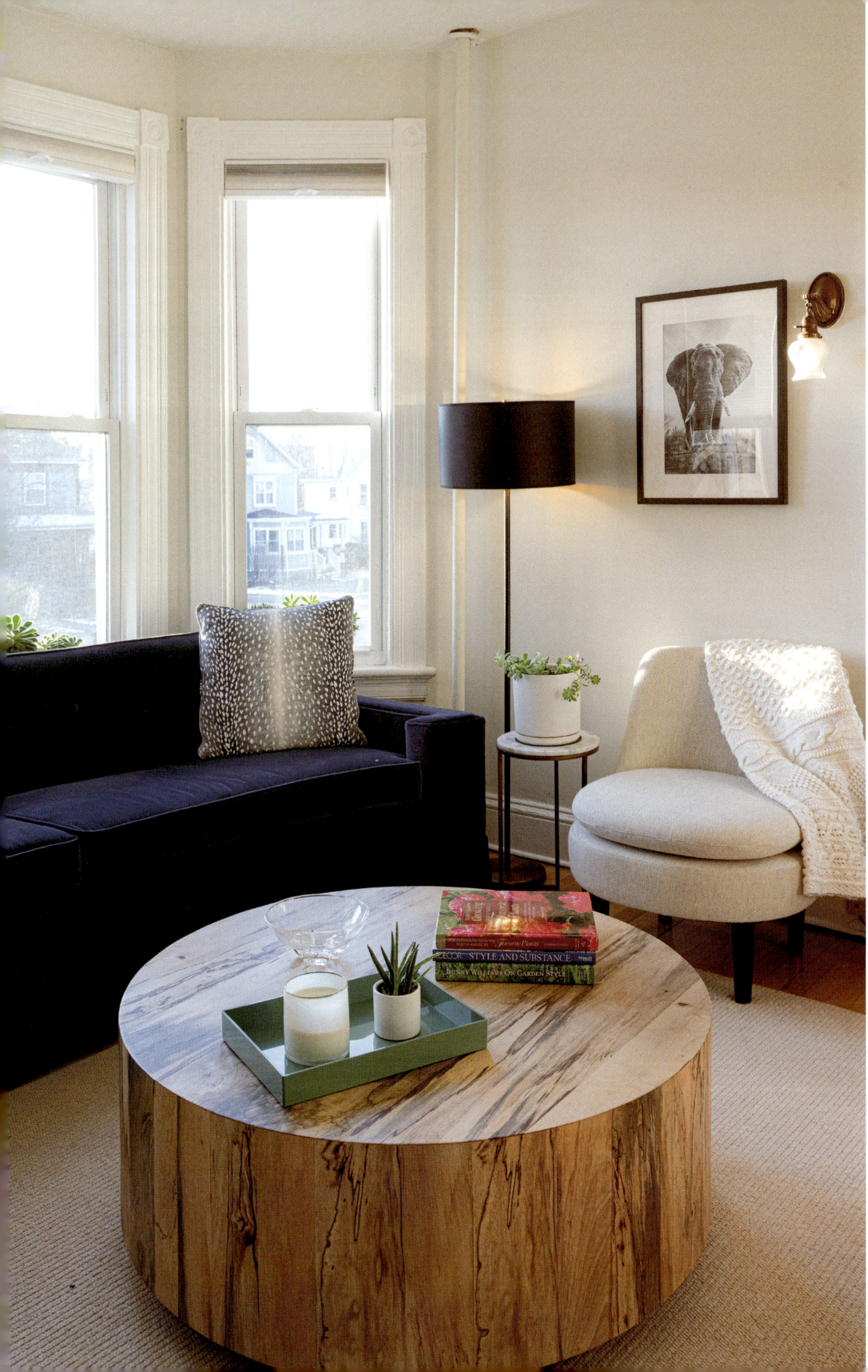
STYLE AND SUBSTANCE
BUNNY WILLIAMS ON GARDEN STYLE

客廳
Gathering Space

為相聚、歡慶而存在的舒壓空間

　　在都市公寓的多數家庭及小宅中，「客廳」這個空間往往結合了聚會場所及餐廳功能。我們會在客廳裡安裝電視，假日時與家人一起觀賞節目，也會端出餐點招待來訪的朋友，在功能意義上，它具備顯著的「休閒」傾向。而在其他夠寬敞的住宅中，上述三個功能是分開的，但不見得比綜合在一個空間的配置更好。

　　我們希望這些房間都能成為高功能空間，其中充滿令我們生活美好的朋友與家人。然而，這些房間卻往往成為明明屬於家中其他區域物品的落腳之處，因為大家都不知道物品的歸屬，東西就被扔在公共區域了。

　　不對這些家中的空間好好愛惜，可能會讓你對舉行生活中大大小小的歡慶時刻感到猶豫。

不管是全家歡聚的年夜飯，還是和朋友們一起吃個披薩，你可不會想要因為自己的居家空間而感到尷尬。

當然，你隨時可以外出到餐館與朋友聚會，或是在別人家裡聚餐，但是在自己的家中創造美好的回憶更能帶來滿足。擁有舒適而有條理的聚會空間，舉行聚會就更輕鬆了。

溫馨的聚會空間有助於創造：
- 與朋友或家人進行有意義的對話
- 簡單的快樂，比如一起看電影
- 令人難忘的聚餐
- 在閱讀中渡過愉快的閒暇時光

打造一處可以歡聚放鬆的空間。

打造你鍾愛的客廳空間

　　視覺上不夠整潔的空間，無法營造出讓家人團聚一起的溫馨感。到客廳想要坐下來看喜愛的電視節目時，卻發現沙發上堆滿了大衣、背包、玩具、信件和衣物，沒有什麼能比這更令人沮喪了。

　　為了解決這個問題，請思考一下你期待這個空間擁有的外觀與散發出來的感覺，然後開始付諸實行。客廳空間的改造通常所費不貲，沙發和地毯都很昂貴，但我們可以從清理工作開始著手，在這裡建立簡單的系統，比如放個大籃子來放置毛毯與布巾，如此一來，一筆小小的費用，就能讓你獲得煥然一新的客廳。

你是如何使用客廳？

　　開始整理客廳之前，請先考慮一下你可能會擁有的具體空間以及想要如何使用。這類空間可分為三種類型：與家人相處的起居室、餐廳與招呼客人的客廳，且往往可以一起運作。

- 你是自己一個人住，還是與他人同住？
- 如果有孩子，他們多大年紀了？
- 喜歡招待客人嗎？如果喜歡的話，你期待的是正式的晚餐派對，還是叫個披薩一起看比賽？
- 假如你有餐廳，它實際上是作為**餐廳**使用嗎？還是大部分時間都空著呢？這個空間是否作為其他用途時，更能照顧你的家人？
- 你家是否同時擁有起居室、餐廳和客廳這三個空間？又或者，你家裡的空間不像客廳那麼正式，比較像是起居室，但是只要在角落放上一張桌子，又可以變成餐廳？

諸如此類的問題能夠幫助你瞭解自己擁有的空間。如果你很少在家舉辦正式的晚宴，卻擁有一套十二件的瓷器，霸佔著家裡的黃金地段，你可能要問一下自己為什麼會這樣。有時候，我們會覺得自己必須擁有或去做某些事情，而當我們意識到這些東西並不適合我們現在的生活時，丟掉它們就容易多了。

這些空間的真實情況是，通常缺乏收納或放置物品的空間。因此，儘管我們希望它們能夠一直看起來很美觀，卻不太容易維持。實現鍾愛的聚會空間的最快方法是：確保這些空間裡沒有任何不需要的東西。一旦多餘的東西不見了，你就能看出來是否需要在沙發上添加幾個新靠墊，讓一切看起來更溫馨、更討人喜歡。為了方便收拾，可以考慮添購附有收納功能的傢俱，比如可以打開儲物的凳子。

思考客廳物品的分類與去留

減少每個類別下的物品，就能打造出讓你引以為傲的生活空間。

書籍

一般來說，人們要麼愛書，要麼不愛。如果你不愛書，可以跳過這個段落。而如果你是愛書人，你的書櫃很可能會是需要處理的區域。書籍絕對屬於會自動繁殖的物品類別，而現在，逛實體書店只是買書的其中一種方式，網路書店也正在幫助你的書籍倍增。如果你愛書，但是配偶不愛，那麼書櫃可能會成為爭執的焦點，更別提那些堆在地板和床頭櫃上的書了。整理書籍是終身事業，而你可能會發現，當書櫃上只有真正喜歡的書時，可以為你帶來無比的愉悅和滿足。

整理訣竅是把書櫃上的書全部都拿下來，堆放在椅子周圍或桌子上。不必一次清空整個圖書區，可以一個書櫃一個書櫃地清空，以免你對這項整理感到厭倦，但請務必清空正在處理的每座書櫃。

書本與電影當然很棒，但這些都值得保留嗎？

Chapter 5・客廳 Gathering Space / 105

僅保留你真的
想讀、也真的
會讀的書籍。

請把你的書一本一本拿起來檢視封面。這本還會再讀嗎？而這一本是否像是讓你想起生命中某段時光的老朋友，少了它，你的房子就少了家的感覺？如果你對它的感情不深，那就放手吧。不必為了留書而留書，少了《白鯨記》或《理性與感性》，我們還是可以擁有完整的生活與有趣的藏書；但如果你做不到，那就把這兩本書放回書架。

　　就像家裡的其他地方一樣，我們的目標是只留下你實際使用、喜愛或想要的東西。你希望自己在望著書架時能感到愉悅嗎？如果書架上放滿的是你覺得該讀的書，或是你留下的禮物書，但你卻沒有興趣一讀，這座書架就會成為沉重的置物櫃，讓這些書離開吧。

　　留下來的都是你真正想要的書時，就該決定如何佈置書架了──請把書籍一一分類。我們曾試過為自己辦公室裡的書籍按照顏色分類，這個作法維持了大概一年，然後我們就厭倦了無法快速找到想要的書，最後我們把書再次挪出來，重新仔細分類再放回書架，猜猜發生什麼事？當我們把書本從書櫃上拿下來重新排列時，又扔掉了很多本書。

蠟燭

　　將所有蠟燭集中在一個區域後開始淘汰。這項工作很簡單，因為你應該很清楚哪些蠟燭是你喜歡的，哪些是永遠不會用到的（有些可能是禮物或你不喜歡的香味）。把這些蠟燭交給垃圾車吧，最好不要把蠟燭放進捐贈袋，因為它們會融化得亂七八糟。假如有空間的話，可以把它們放進捐贈廚房用品的箱子裡。而如果是用過的蠟燭（燭芯只要點燃就是用過，哪怕只有一次），它們就只是垃圾。

布巾與毯子

　　我敢打賭，你一定沒想到八年後你的沙發上還會有那條冰雪奇緣的毯子！這裡叫做起居室不是沒有原因的！

把那些毯子從地板上拿開！

所以，儘管你想像了美輪美奐的客廳，它們就像是漂亮家居般的產品目錄一樣美好，但現實中你所擁有的空間就是如此：這裡有另一半打電動遊戲時用來墊背的柔軟枕頭，以及絕對不是用天然材料製成的卡通圖案毛毯。不用抗拒，這就只是個階段（雖然可能很長）。多年以後，總有一天你能夠從架子上取下冰雪奇緣毯子，問女兒是否想把它帶到她的新公寓，她一定會用不可置信的表情看著你。只有你自己會記得，當年你曾經為了她的喜好，犧牲了個人美學，孩子則將以一名被愛的年輕女性的身份走向世界，她的品味和需求得到尊重，而她在家裡感到溫馨，多麼幸運的女孩啊！

玩具與遊戲

我們見過許多被玩具淹沒的客廳，許多家長對孩子們擁有的巨大玩具量感到沮喪，因為在我們成長的年代中，孩子們擁有的很少。但是，這個問題與父母有很大關係，我們無意批評父母，就我們自己與客戶的生活和家庭來看，為人父母這件事本身，就意味著要抵禦幾乎無窮無盡的玩具海嘯。

無論孩子們走到哪裡，他們都會看到想要的東西，而且很多都是便宜、有趣又好玩的。父母可以在大部分的情況下說不，但是三十九塊錢一台的小車車，還是一台又一台地從賣場跟著我們回家，（更別提節日和生日禮物、動物園、博物館或主題公園），只有在公園或圖書館的時候是真正安全的。那麼，我們該怎麼辦呢？

你可以和年紀大一點的孩子一起解決這個問題，並且指揮孩子收拾玩具，這樣就可以在十五到三十分鐘內完成整理工作。孩子們沒有興趣或耐心花整個下午的時間整理物品，這並不是說他們不乖，只是因為他們還是孩子。根據孩子的不同年齡，他們可以在失去興趣之前做出五到十個決定。

最好的辦法是自己動手，把所有真正的垃圾集中在一起，這樣就可以向孩子們展示要扔掉的東西，並解釋原因（破損、缺件等等），不管那些玩具是誰買的、也不要管它們的價格多少。

再也不要踩到樂高了！
用精心策畫的遊戲區來阻止混亂。

Chapter 5・客廳 Gathering Space / 109

收納箱與收納籃
讓收拾工作與遊戲時間
一樣輕鬆愉快！

如果你覺得孩子們以後可能會慢慢喜歡某件東西，那就把它放在櫃子的層架上，等個半年後再問問看。但一般來說，和成年人一樣，孩子也知道自己喜歡什麼、不喜歡什麼。

　　與孩子一起整理物品時，可以考慮每天執行一個類別。例如，把所有的恐龍放在一起，然後問孩子是否可以清掉 2 隻壞掉的恐龍。有時候，孩子會告訴你他們不再喜歡恐龍了，你可能不會相信，因為恐龍在很長一段時間裡都擁有重要地位。孩子可能說的是實話，但是恐龍收藏花了你不少錢，所以應該暫時把它們裝箱，放到儲藏室裡。假如後來你的孩子都沒有重新成為恐龍迷，當其他孩子來訪時可以把它們拿出來分享，你就會成為最受歡迎的阿姨或鄰居。

讓客廳
運作順暢的方法

　　客廳不僅需要整理，還需要良好的收納設計，這樣一來，物品不使用的時候，就可以順手地收起來。收納方案與功能性傢俱可以避免客廳空間被雜物佔據：

- 如果客廳沒有佈置任何的層架或櫃子，可以考慮購買一件儲物傢俱，並且搭配使用收納箱整理玩具或遊戲。
- 我很推薦 IKEA 宜家家居的 Kallax 置物層架組。Kallax 置物層架組有各種不同尺寸和配置，還可以添購適合放在 Kallax 層架組立方格子的收納箱，它的空間夠大，可以收納各種物件。
- 沙發桌下的收納箱是放置毯子或玩具的好地方。

尋找有額外
功能的傢俱

如果你擅長手作，並有足夠的空間來為傢俱上漆，那麼你可以從大量的 YouTube 影片中學習如何操作，還可以用便宜的價格，買到做工精良的二手傢俱，然後打磨、重新上漆，使它改頭換面，成為亮眼的傢俱。

所有家庭成員都會使用客廳空間，所以收納系統必須一目了然，才能讓每位家人輕鬆遵守。例如，對於青少年來說，將毛巾與蓋毯收納在儲藏箱裡，會比放在展示用的梯式層架容易得多，畢竟要求青少年把毯子疊好並放在梯式層架上，結果很可能會讓你感到失望沮喪。但如果你家的青少年做到了，請為這個奇蹟拍張照片，並發佈到網路上，看看是否會引起熱議。

年幼孩子和他們的玩具也是一樣，請為各種類型的玩具（例如：汽車）準備收納箱，可以讓孩子更容易協助整理。孩子無法按顏色編碼順序，把桌遊放回高高的層架上，但他們可以把桌遊放回附有可掀蓋式的椅子內。

別具意義的物品

在考慮客廳需要哪些物品來使你與家人能更加順利運作時，也要問問有哪些傢俱可以扔掉。我們通常不會把傢俱視為雜物，但其實是有可能的，特別是當傢俱在家裡不再發揮作用時。傢俱通常被歸類為「太貴了」類別，通常我們採購椅子、桌子或儲物櫃時，都會盡量選擇在當時能買得起的範圍之內最好的一個。

年輕時，在剛開始工作、只是需要有個能坐下吃飯的地方時，你或許會感激於能從親戚那裡接收傢俱；但那張舊桌子現在可能不適合你家餐廳。

在一堆你所喜愛的事物之間，展示幾張心愛的照片

你有在使用這些老瓷器嗎?或者它們只是在這裡積灰塵呢?

放在**餐廳裡的八張椅子**,你是否其實從來沒有同時使用過呢?如果你只用過六張,那就扔掉另外兩張。這可能不太容易做到,畢竟它們是一整組的傢俱;而且,如果哪天要辦場聚會該怎麼辦?事實上,有成千上萬個讓我們不想丟東西的理由,在阻擋著我們行動。但是現實也依然存在——不用的東西就是雜物。

破除流言

「餐廳一定要作為餐廳使用？」

　　我們曾經有位客戶將她的廚房與餐廳進行了很棒的翻新，新的空間設計完全反映了她和家人的生活方式——他們在廚房的餐桌上用餐。起初，因為她繼承了一套祖母的餐桌椅組，她覺得自己必須保留這組桌椅（也許直到永遠），因此決議不打掉牆壁來合併餐廳與廚房的空間。而最悲傷的是，她甚至不喜歡這組傢俱。她的外婆已經去世多年，但她不想因為扔掉外婆的餐桌椅，而傷了母親的心。

　　我們建議她打電話給母親，詢問她是否對這組桌椅還有感情。結果她的母親並不在意女兒是否保留這組桌椅，因為她本身根本不喜歡這套桌椅！她以為是女兒喜歡，因為自從女兒繼承了這組桌椅後，每次搬家都帶著它們。

　　客戶鬆了一口氣，她決定把餐廳改造成休息室和孩子們的作業區。如此一來，她在廚房準備晚飯時，孩子們就可以在鄰近區域寫功課或休息。她唯一的抱怨就是沒有早點做出改變，如果在孩子們還小的時候就這麼做，家裡就會有一個完美的遊戲室。

/ column /

客廳裡的「充分擁有」
理念實踐哲學

打造讓生活順暢的空間。

根據人生階段做出選擇

為客廳購買的傢俱擺飾往往價格比較昂貴，應該審慎為之，並且視為「有意識的投資」。一組能夠坐下整支籃球隊的真皮座椅，真的有必要嗎？或者，在你人生的這個階段，一張麂皮絨沙發加上幾張豆袋椅（俗稱懶骨頭），是否更合適呢？問問自己，什麼樣的傢俱適合目前的生活方式，並據此購買相符的物件。如果現在的你與家人能夠細心維護更正式、更精緻的傢俱，那就做些功課，購買一些能夠使用很多年的傢俱。

充分擁有的理論就是：從能買得起的物品當中選擇品質最好的那一個，並且好好保養它。不過，如果家裡有孩子和寵物，這可能就不適用於真皮或麂皮沙發，把錢花在布料更容易清洗、更能持久使用的沙發上可能更實惠。

一旦決定了最適合客廳的傢俱類型，就要用心保養它們！就算決定購買的是可以讓孩子們輕鬆玩耍的便宜沙發，你還是會希望它能經久耐用，並且看起來體面。用心維護就是指無論售價高低，都要讓擁有的物品盡可能長久地保持良好狀態。

如果擁有銀製餐具，你現在使用它們的機會恐怕不會像以前那樣多。假如你偶爾想使用它們，請務必在擦亮後用保鮮膜覆蓋好。因為當你把銀製餐具放上餐桌時，發現它們閃亮一如以往的話，當下沒有什麼比這一刻更美妙了。

環保點子

我們為客廳提出的最佳環保建議與「用心維護」原則相符，各種傢俱最終都會被送進垃圾場，可想而知，它們會佔去大量空間。如果我們能夠妥善保養沙發、桌子、燈具和其他大型物件，那麼當決定把家中的傢俱汰舊換新時，就可以把舊傢俱回收或二手賣掉。

維護方法

請每個月針對客廳進行一次整理，將不屬於客廳，但卻莫名其妙來到這裡的東西清理出來，這就足以讓這個空間保持運作順暢。每個月清理一次，所需時間不會超過一個小時，通常可能更短。

SWIFFER
SHOE POLISH
BATH BACKUP
FIRST AID
MESH BAGS
HOUSE BACKUP

洗衣間
Laundry
讓家務輕鬆省心的高效率空間

　　清洗衣服和清掃都是需要頻繁進行的家務，有些人每天都做，有些人則是一週做個一兩次，但無論如何，盡可能地具備實用功能的房間或空間，能讓處理家務變得容易。

　　大多數家庭的洗衣間多半堆著許多不需要放在那裡的東西，或者，把洗衣間視為家中唯一合理的收納空間，雖然不完美，卻是最好的選擇。

　　整理好空間後，如果你的屋子比較小，很多物品仍然會留在洗衣間裡；而如果屋子較大，則可能被移到單獨的空間與櫃子裡收納。

我們將在本單元中討論布品、清潔用品、寵物用品、五金和園藝用品等的整理收納方式。即使你要將這些物品保存在洗衣間以外的地方，類似的規則也能適用。

重要的是，不僅要有目的地選擇物品屬於哪個空間，這些物品收納在洗衣間的哪個位置也很重要，好的決定能夠幫助空間有效發揮作用。

條理分明的洗衣間非常重要，這可以幫助你：

- 節省日常工作時間
- 減少過度採購和浪費的壓力與金錢
- 輕鬆處理堆積如山的待洗衣物
- 享受處理不可能的任務帶來的成就感

打造你喜歡的洗衣間

洗衣間的大小決定了它的使用方式。有時候這裡只是一座能夠容納可堆疊洗衣機與烘乾機的空間，有時候它是一間寬敞豪華的洗衣間。

請坦誠地問自己「你喜歡如何摺衣物？」，因為這會決定空間如何使用。有些人會在看電視時把所有衣物搬出來摺疊；有些人則在洗衣間裡摺衣服。

如果還有空間放下一張桌子，那將是洗衣間的一大亮點。使用高度適中的桌子，摺疊衣服時就不用彎腰駝背，你將在這裡度過生命中的幾個小時，所以不要輕率處理。有些人把洗衣機和烘乾機放在一起，機器上方就是摺衣服的空間，這種方法也行得通，不過效果沒有使用桌子來得好。

PRO TIP
去自助洗衣店的建議

如果你習慣去自助洗衣店洗衣服，請每次都將洗滌劑確實歸位，這樣一來，出發前往洗衣店時就能方便地拿取必要物品。另外，考慮買個可以後背的洗衣袋，假如洗的衣服比較多，或要處理較大型的床被單，後背式洗衣袋絕對是你的福音。

你的洗衣間不僅
可以具備功能，
更能賞心悅目。

Chapter 6・洗衣間 Laundry / 121

你是如何使用家中的洗衣間？

與家中其他地方一樣，洗衣間裡也會出現一些不屬於那裡的物品。現在是時候來清理多餘的物品了，我們的目標是讓這個房間看起來不再像現在這樣令人反感，所以問問自己以下幾個問題：

- 洗衣間裡目前都放了什麼東西呢？請親自去看一看。
- 其中有哪些物品需要留在這裡？除了洗衣粉和衣物柔軟精，你是否還選擇了其他物品。
- 你喜歡在哪裡摺衣服？
- 家中其他人會去哪裡尋找清潔用品或寵物用品等物品？

想清楚自己真正的生活習慣及使用空間的方式，這能夠幫助你將洗衣間做最有效率的安排。

思考洗衣間物品的分類與去留

在洗衣間的物品類別中，有些類別還包括了多個項目，因此請繼續細分，這讓你瞭解哪些有幫助，哪些則相反。

床單和毛巾

要清理床單時，請先將它們細分為雙人、雙人加大、雙人特大、枕套、床帷、床墊等等，每個分類中都有一些確實應該扔掉的東西。你寶貴的一生裡有三分之一的時間是在床上度過的，不要讓人生在有污漬、破損或泛黃的床單上進行。你無法控制生活中的一切，更實際地說，大多數情況下，你什麼也無法控制。但是，你有能力在不花大錢的情況下，為自己鋪一張舒適溫暖的床，然後在每一天的尾聲，不

> 請不要隨手把布品塞進櫃子！按照種類與尺寸分類。

　管生活又如何瘋狂地輾壓你，你只要鑽進完美的床鋪，發出一聲嘆息，你就能知道自己值得擁有這樣的幸福。

　　床單的合宜數量是多少件？以成年人的床鋪來說，兩組床單加上一組枕套就足夠了。假如你的床是特大號，配有六個枕頭，這表示需要兩件被單、兩組床包和十八個枕套。枕套比被單和床單磨損更快，所以必須比床單、被單更常更換，這樣使用壽命才能和整組床的其他配件一樣長。而針對兒童床鋪，請遵循同樣的規則，如果孩子還小，處於可能發生「意外」的年齡段，請為兒童床的床墊鋪上一或兩張額外的床包。

請把毛巾細分為大浴巾、普通尺寸的毛巾、小毛巾與沙灘毛巾。許多人會保留舊毛巾作為抹布或寵物用布巾，這沒有問題，但要實際一點，「洗車」需要用到多少條抹布？我們也知道，毛巾越多，使用量就會越多，也就需要洗更多的毛巾。

我們建議每人擁有不超過三條浴巾，然而大多數人擁有的浴巾數量都遠遠超過這個標準，因此，櫃子裡塞滿浴巾。大家都用盡自己所有的空間，還繼續購買，一直到櫃子再也塞不下為止。你大可不必這樣生活，你可以真正地擁有自己需要的東西。如果長髮的你擔心毛巾不夠用，可以購買一些速乾髮帽，它們既好用且不占空間。

需要多少條沙灘浴巾呢？剛好夠全家人一起去泳池或海灘就好了。家裡有五個人嗎？那就是五條沙灘浴巾、外加兩條給客人用的。七條沙灘浴巾比廿條佔用的空間小多了。

如果你家社區有游泳池，問題就不同了：你覺得整個夏天每天要洗多少衣服呢？毛巾越多，你的朋友和家人用掉的就越多。每天、一整個夏天、每個夏天、永遠如此，這是自然法則。想少洗幾條毛巾的話，請少提供一些毛巾。

桌布

我們最近在平安夜接待了一大群客人，因為餐桌坐不下所有的客人，我們買了一張大型餐桌，因為我們知道這張桌子以後還會反覆使用。但是，桌子太大了，沒有夠大的桌巾可以覆蓋在桌面上，而這張桌子的外表又沒有甚麼吸引力，所以希望有一條桌巾可以一路鋪到地板上。我們在購物網站上按了幾下，第二天，一條白色聚酯纖維桌巾就送達了。準備餐桌時，先鋪上這塊便宜的布，再鋪上漂亮的亞麻桌巾。聖誕夜那天，紅酒杯當然打翻了！這就是在派對上會發生的事！那天稍晚客人們離開後，我們立刻把兩塊桌布都收下來泡水。紅酒漬離開了祖母收藏的亞麻布桌巾，但聚酯纖維桌巾上的酒漬卻一點反應也沒有。最後只好把這張桌巾扔進垃圾桶。這就是為了省錢，卻反而浪費錢的真實經驗。

只留下你實際需要、
實際使用並且會想要
清洗的布巾！

Chapter 6・洗衣間 Laundry / 125

桌布的問題也引出了同為布品的床單、毛巾的問題。如果可以避免，請不要吝嗇，便宜的布料不會好用，廉價的毛巾吸水力不好，還容易磨損。便宜的床單容易起毛球、沾染污漬。當你不得不年復一年地反覆購買時，便宜商品就變得不廉價了。反之，如果是品質好的商品，在購買時花的錢比較多，但隨著時間推移，多年下來平均花費則會減少。

正在縮減開支的人，可以考慮到古董店選購，通常都有品質很好的桌巾，我們曾代表客戶捐贈過無數桌巾。

關於布品收納櫃的最後提醒，如果選購優質產品，避免過度採購，你就會省錢、省時、省事。你與家人沒有多到可以每天換新的毛巾，這意味著你可以省下一些洗衣物的時間，從而減少水和洗衣精的用量，摺毛巾的次數也會減少。你還會減少摺床包的次數。有時可能會覺得摺毛巾滿有趣時，我們得承認，在充滿家務的生活中，把這些漂亮的長方形堆疊成整齊的毛巾堆，會讓人很有滿足感。但總的來說，我們當然還是希望家務越少越好。

值得紀念的布品

你相信大多數人保留布品是出於感情因素嗎？我想你理解的。可能是孩子的嬰兒床單、一套超級柔軟的舊床單……只是看起來超破舊，所以再也不用了。也可能是某人買的第一條「好」床單，又或許是祖父母家海濱別墅的毛巾。總之，做工精良的布品經久耐用，但如果沒人使用，基本上它們就是雜物，還是大型雜物，因為太占空間了。祖母做的拼布被子沒有人用也是個問題。

我們有一位阿姨是超棒的拼布製作者，所以我們認為扔掉她的作品的想法很不應該。然而，如果真的沒有使用，請至少把這種別具意義的東西移到最高的層架上，讓它遠離你的日常生活。

在大部分家庭的布品收納櫃裡，堆在高處、塞在後面的，幾乎都是沒有在使用的物品，而且這種情況往往是不經意發生的。請想想，你的收納「系統」有幾年沒有重整了？所以現在拿出所有東西，開始整理分類吧！

清潔用品

　　清潔用品這個類別是這樣的：新的商品一直加入，舊的卻沒有真正離開過。不常使用或根本不使用的產品，總是要花很長時間才能用完，但我們卻一直在買新的。你可能會發現更喜歡的產品，更環保、香味不同或者有機。也有時候你會發現，有機玻璃清潔劑還沒有「穩潔」好用，於是你又用回「穩潔」。沒關係，不要為此自責，錯誤已經犯了，只是不要保留那些你不再使用的東西。

　　不知道為什麼我們總是一直買個不停。或許我們都容易受到企業砸大錢做的行銷及品牌活動影響，或者生活太過制式化，讓我們想要增添一點樂趣，所以就買了新的洗手乳。

　　所以，你現在的工作就是把清潔用品分類。把東西全都拿出來，把同樣的物品歸成一類，再細分小類別，看看你到底擁有什麼。

　　一旦你把物品仔細分類後，比如清洗劑、肥皂、地板清潔劑、廁所清潔劑、特殊拋光劑（如銀器和銅器），第一輪就先扔掉所有標示不清楚的、完全沒用過的、因為各種原因沒有用的產品。

　　進入第二輪，扔掉後來沒有再使用的產品，比如你已不再使用處理狗狗糞便的用品，因為你可愛的小狗五年前離開了。不要停下來審判自己浪費了多少錢，事情都過去了，把自責和內心獨白留在商店的清潔用品貨架上吧！

　　全部整理好之後，要以對自己來說合理的方式把物品歸位，以防將來出錯。以我們家為例，我們把清潔物品收在廚房水槽下方一半空間的收納箱裡，而且只留放得下的東西。

> 說實話，扔掉那些對你不起作用的清潔用品

Chapter 6・洗衣間 Laundry / 127

依據你的做事習慣，將清潔產品一一歸入對你有意義的分類。

最後一點：如果打算把最常用的清潔用品，如衛生紙、擦手紙巾及其它從賣場買回來的備用品放在洗衣間，請先為它們騰出空間。如果沒有能收納廿卷紙巾的櫃子，紙巾當然會掉在地上。就我們看來，對小家庭與公寓來說，大宗購物是一場災難，建議購買能在幾星期內用完的數量即可。

一如既往，請花點時間計算一下能夠節省多少金錢，然後再考慮大宗購物所帶來的壓力。你之所以會閱讀這篇居家整理文章，正是因為這件事對你與大多數人來說，都一樣充滿挑戰。就輕鬆而有效率的居家管理來說，在狹小的空間裡收納過多的物品是個重大問題！

五金、園藝等工具雜物

這一個經常就像個垃圾場。它們本應是支援家庭的高功能區，實際上卻往往是一場災難。由於現代住宅的佈局，人們通常會把各種雜物或備品儲藏在洗衣間的櫃子或是家中某個抽屜裡。無論是哪種方式，整理規則都是一樣的。

雜物區包含：
- 燈泡
- 電池
- 工具
- 手工藝／嗜好／園藝
- 手冊／指南
- 各種膠帶
- 鞋油

在清理後，我們經常會發現大型雜物櫃裡的空間非常大，我們甚至可以用那裡的空間來拍攝 Instagram 照片！

為了讓這個空間發揮最大作用，首先，請按照我們之前教導的方法進行清理：把所有東西都拿出來並一一分類，一旦物品都集中放在同類堆裡後，請從中把你不想要、不需要、不喜歡或不使用的物品挑起來，把它們放進垃圾袋或捐贈袋裡（兩個去處取決於這些物品對其他人是否有用處）。

即使是在雜物櫃裡，我們也不建議存放太多備品，在大多數情況下，人們會忘記自己囤積了什麼。除非我們的家整理規劃得整齊又完美，否則就會造成過度購買和浪費。燈泡和電池則是用來證明規則總有例外的項目，這兩種物品都可以大批購買。如果需要的時候才去買會很麻煩，而且因為它們不會很快耗盡，所以不會浪費金錢。

在設置雜物櫃時，請花一分鐘問問自己，不只要思考櫃子裡面要放什麼，還要問自己誰會去拿東西出來。如果孩子到了可以自己拿電池、燈泡和手電筒的年齡，而身高搆不著最上面的層架的話，請把這些物品放在較低的架子上，方便他們自動自發去拿取。

我們從許多為人母的客戶身上發現到一個重要的事實：無論她們是否在外工作，她們所承擔的家務勞動比例仍然高於家庭中的其他人。許多客戶告訴我們，在重整了整個居家環境之後，他們自己做起家事當然更容易了，而同時感到欣慰的是，他們也更容易促使孩子動手做事。

將電池都收在一起，這樣才能找到它們！

擁有一些備用
物資是好事，
但請合理地
準備。

Chapter 6・洗衣間 Laundry / 131

就算像這樣窄窄的空間，也可以在原本亂糟糟的環境裡打造秩序與悠閒。

讓洗衣間運作順暢的方法

與家中的其他區域一樣，將物品收納在各自的所屬區域，能夠讓洗衣間井然有序。但是洗衣間經常放置屬於不同類別的物品，我們建議採用比一般空間更多的收納箱與標籤。

現在，既然你已經將燈泡、清潔用品和布品等清理完畢並分區了，我們建議將這些物品分組存放（不管是放在櫃子裡、收納箱裡、抽屜裡還是壁櫥裡），並清楚地貼上標籤。如此一來，每位家人都能夠知道在哪裡可以找到自己要的東西，而更重要的是，他們清楚明白所有東西都能收回放好。

清洗衣物的方式，在某種程度上取決於個人喜好。有些人喜歡經常而少量地洗衣服，而有些人會累積一段時間後再一次大量清洗。

無論如何決定，只要擁有一套系統，所有家人也都明白自己的責任，那麼一切都會變得更容易。

衣物清洗與孩子

如果你有洗衣間，將洗衣用品分類會讓洗衣過程更加愉快，務必確保這些用品放在年幼孩子搆不到的地方。

PRO TIP
寵物用品

在洗衣間或雜物間儲藏寵物備用物資不是件壞事，但大多數寵物日常需要的物品，例如食物、貓砂、狗鏈和梳子等，最好收納在實際使用處附近。

為每個孩子指定屬於個人的毛巾花紋或色彩。

我們從客戶那裡學到了一些處理孩子與洗衣間問題的技巧：

1. 為孩子一人準備一條不同顏色的毛巾，這條毛巾永遠是他們專屬的，一星期只使用一條。如果孩子留長髮，可以給他們速乾髮帽，並鼓勵他們用完後晾乾。對孩子說明為什麼捲成一團放在房間裡的毛巾會發臭。然後請他們自己處理。
2. 教大孩子自己洗衣服。因為他們還是孩子，會覺得做家事很酷，而他們的年齡也夠大，能夠自己使用洗衣機。根據我們的經驗，八歲以上的孩子都能輕鬆勝任。
3. 不要評論他們各種奇怪的摺衣服方法，幾年後孩子就會掌握竅門，更重要的是，你不必親自動手了。
4. 清理孩子們的衣服，他們的抽屜櫃和衣櫃裡只用來收納需要和實際在穿的衣服。沒有乾淨衣服可穿的經驗對他們有好處，尤其是孩子可以自己洗衣服的時候。

破除流言

「趁打折時購物就對了？」

　　假如特價商品剛好是你本來就會購買而且剛好庫存不多的物資，那就再好不過了。然而，促銷通常對賣家更有利，因為折扣商品往往是賣家想脫手的東西。因此，除非你早已看中了某樣商品，一路看著它降價，否則你購入的很有可能是自己並不真正需要的東西。

　　在購買折扣商品前深吸一口氣，問問自己為什麼要買？是為了擁有這件特定的商品呢？還是僅為了可以在「某樣東西」上省下 30%？

/ column /

在洗衣間的「充分擁有」
理念實踐哲學

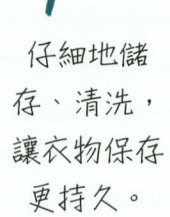

仔細地儲存、清洗，讓衣物保存更持久。

選擇讓家務最有效運作的布品

　　一如先前所提及，優質布品有延用數代的潛力，因此我們建議有意識的投資這類產品。但是，如果感恩節派對時，孩子們擁有他們的專屬餐桌，毫無疑問地，你知道食物和飲料一定會被打翻。這種情況下，也許充滿喜慶氛圍而便宜的桌布是更好的選擇。

　　另一個例子是我們的客戶，她所飼養的四隻狗狗和她一起睡在床上。如果客戶選用昂貴的優質床單，她的錢算是花得值得嗎？不可能的。客戶每年都得汰換幾次床單；對她來說，最好的選擇就是便宜的床單。

　　請記住「有意識的投資」並不總是指，購入你可以取得的商品中最昂貴的，而是在購買之前仔細考慮，讓居家空間或家務盡可能地有最佳運作效率。

　　正如我們在臥室章節中所討論的，保持運動服氣味清新的好方法，就是在清洗衣服時加入一瓶蓋的海倫仙度絲洗髮精。你猜怎麼著？這個小祕訣也適用於毛巾！不管你多努力地經常清洗，毛巾遲早會有發黴的味道。使用這個簡單的小竅門，讓你的毛巾更持久，這就是「用心維護」！

環保點子

　　現在市面上有許多環保洗衣產品，它們能減少洗衣用水中的毒素，包裝也可回收利用，對環境更為友善。還可以選擇使用羊毛烘衣球，替換烘乾機裡的靜電紙。此外，使用冷水洗滌也是很不錯的選擇。

維護方法

　　假如洗衣間裡的每組用品（床單、毛巾、清潔用品、燈泡等）都有正確的數量，並且貼好標籤，洗衣間就能保持美觀整齊。如果覺得用品開始塞滿空間，通常罪魁禍首是過度購買。快速查看一下清潔用品，因為倍增之謎總是發生在這裡。果斷地判斷哪些東西沒有發揮功用，現在就扔掉它們。洗衣間整理得越整齊，就能避免經常把錢浪費在不需要的清潔用品上。

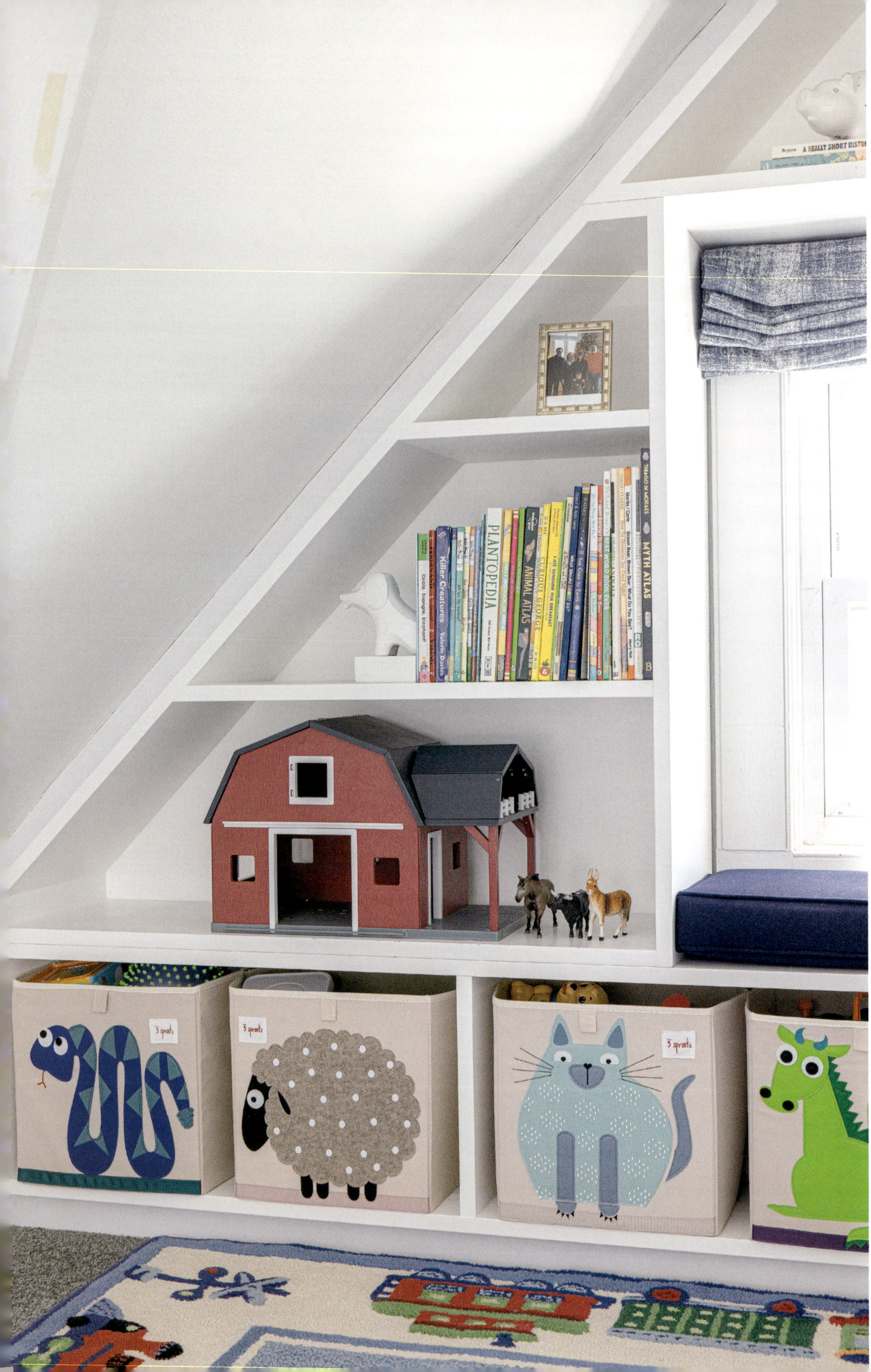

兒童臥室與遊戲區
Children's Spaces

培養創造力與獨立性的娛樂空間

　　遊戲室和兒童臥室應該是孩子們可以盡情玩樂的空間，也應該讓家長們易於管理。如果孩子們擁有與他們的空間及年齡相稱的玩具和衣物量，他們會更容易找到自己想玩的東西、選擇想穿的衣服，而在快樂的一天結束後，也能夠自行將物品歸位。

　　在我們過去處理的工作案件中，經常見到遊戲室裡堆滿玩具，兒童與青少年的臥室裡塞滿物品，有的在層架上，有的在小櫃子裡，有的在收納箱裡，還有的塞在床下的抽屜裡，房間的每個角落堆得滿滿的，衣櫃爆滿、抽屜櫃也不例外，而且不只是在內部，檯面上也堆成小山。混亂的狀況讓孩子們很難玩耍，更不用談訓練獨立、參與收拾工作了。

從長遠來看，培養孩子做家務的能力，不僅為了今日的整潔空間，更是為了培養孩子成為日後能好好運作自己居家空間的成年人。

臥室裡只儲存孩子實際在使用、喜愛的物品，對兒童和父母都有極大幫助。

- 讓孩子更容易處理自己的物品。
- 減輕父母的壓力，別再為雜亂無章的物品爭吵。
- 研究證實，兒童遠離被各種選擇壓得喘不過氣的狀況時會更快樂。
- 所擁有物較少的兒童，更能輕鬆打理自己的物品。

能夠為你與孩子服務的完美遊戲區。

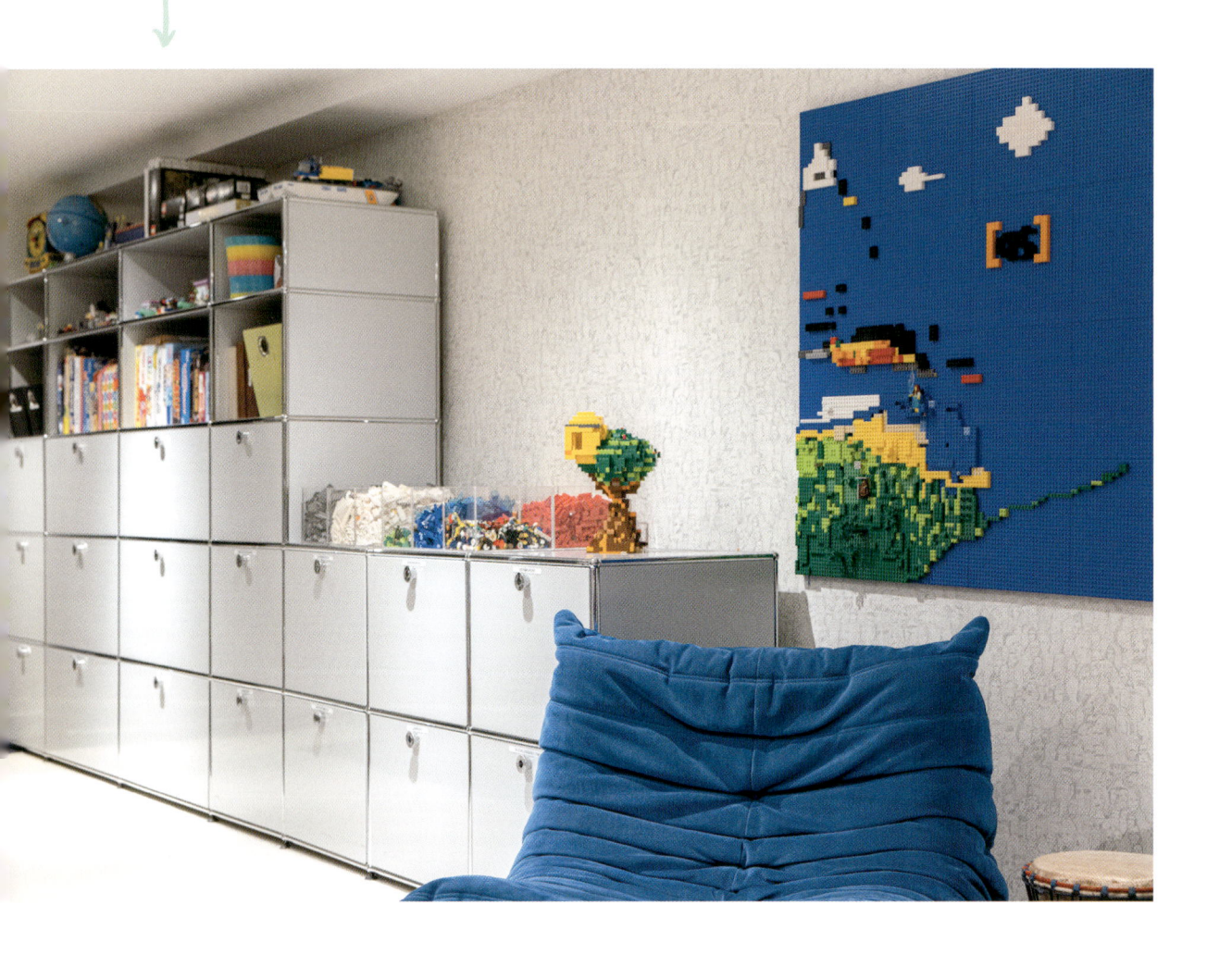

請記住，這個階段總是會過去的。總有一天，當你經過孩子的臥室時，裡面不會再有任何塑膠的、顏色鮮豔的大玩具，他的書桌上放著筆記型電腦，手機會放在充電器上。一團混亂終究會消失，只是家裡有小小孩的奇妙氛圍也會隨之消失。所以現在，當你身處玩具地獄時，對孩子和自己都要有耐心。儘量不要過度消費，輕鬆看待親朋好友送來的禮物，如果不適合你家孩子，或者目前家中已有太多的玩具，就把它們放在轉贈物品的架子上，或是等待日後孩子想做些什麼來打發時間時，便能派上用場。

孩子如何使用屬於他們的空間？

　　讓我們來瞭解一下，孩子如何使用他的臥室以及遊戲區，這樣我們就可以充分利用空間：

- 孩子擁有分開的遊戲室和臥室嗎？還是都在臥室？
- 你的孩子是忙碌好動，還是平和安靜的類型？當然，所有的孩子都兼具以上兩種特質，不過，你家的孩子精力旺盛的程度如何呢？
- 孩子在家主要喜歡做什麼？手工藝？閱讀？破壞客廳？
- 對於孩子日漸長大而不再合穿、合用的物品，是你比較捨不得，還是你的孩子？
- 孩子有興趣收拾東西嗎？還是你們總是為此爭吵？

　　思考這些問題對於建立良好的系統有所幫助，也能讓孩子們更有意願協助整理家務。誰不想要更多幫助呢？

孩子們是否會閱讀這些書籍，
還是它們只是在佔用空間？

思考兒童臥室與遊戲區
物品的分類與去留

請幫助孩子學會放手。父母與孩子一起整理的系統，與獨自整理時不同。「物以類聚」法則對孩子特別有效，他們可能不會同意把某台汽車玩具或某件衣服單獨丟棄，但當玩具被通通放在一起，讓他們開始挑選自己的最愛時（整理物品時被稱為「絕對保留」的東西），孩子們會發現，有些東西他們已經沒有那麼在乎了。

玩具的煩惱

淘汰多餘的玩具是件很困難的事，原因有很多：

1 捐贈中心不接受軟質玩具，因為擔心臭蟲。
2 有缺件的玩具不受歡迎。
3 未開封的玩具可以捐贈，但很多人仍然希望未來有一天可以使用它們，而捨不得放手。
4 許多家庭不丟玩具是因為他們不知道將來會有幾個孩子，不想將來一直重複購買。
5 父母留戀孩子曾經喜歡過的玩具，捨不得丟。

上述這些在情感上和現實中都是合理的，然而儘管如此，基本的矛盾依然存在：這些東西該存放在哪裡呢？

只要孩子因為長大了而不再使用某些玩具，我們就應該立即將淘汰的玩具捐出去，前提是：玩具完好無損，並且是其他孩子會想要擁有的。如果玩具壞了或有缺件，則會變成垃圾。在購買廉價而只能禁得起一任小主人使用的玩具時，最好記住這一點，更不用考慮兩任小主人的傳承了。

是的，好的玩具價格較高；但如果這些玩具可以讓一任又一任的小主人使用，那麼每次的使用成本以及環境成本就會變得合理。

每隔幾個月，我們可以把孩子們的玩具集中在一起，然後進行清理。家中老大因為長大而不再需要的玩具，應該留給弟弟嗎？在詢問老大的意見之前，父母請思考看看家裡是否應該保留這些玩具。雖然我們會按照年齡去區分玩具收納箱，但由於男孩們的年紀相差了三歲半，玩具和衣服的量實在太多了。另一個現實狀況是，弟弟不見得對哥哥的那些玩具有興趣（弟弟每年也會收到他自己的聖誕禮物和生日禮物）。

事實是，所有東西不會永遠都在。盡你所能減少購買，並經常進行整理和捐贈。還要記住，孩子生命中的這個階段會隨著時間流逝而結束，最終可能只剩下幾個玩具放在衣櫃的架子上或是躺在儲藏室的收納箱裡。和許多養兒育女相關的事一樣，未來你的生活在某個層面上會更輕鬆，而在另一些方面則會更艱難。你可能會回頭想，玩具爆炸的客廳怎麼會是最讓你崩潰的地方。

有鑑於此，讓我們來看看孩子們的其他物品，可以怎麼收拾！

拼圖是很棒的禮物，但是假如孩子不喜歡，還是扔掉吧。

桌遊與拼圖

對我們來說，桌遊和拼圖是幻想與現實碰撞的另一個領域。「家庭遊戲之夜」在有國中年齡孩子的父母心目中，佔據何等重要的地位啊！但實際上這很難實現。雨天玩拼圖的情況確實存在，然而這種事發生過多少次呢？一旦二千片的拼圖完成了，孩子還會想再拼一次嗎？

想想遊戲之夜實際發生的頻率；一年只玩兩個晚上，不足以證明需要在櫃子裡保留廿組桌遊。請試著把桌遊數量減少一半吧！不過最好的方法是，安排一個遊戲之夜，看看哪些遊戲仍受家人歡迎，然後留下受歡迎的遊戲。

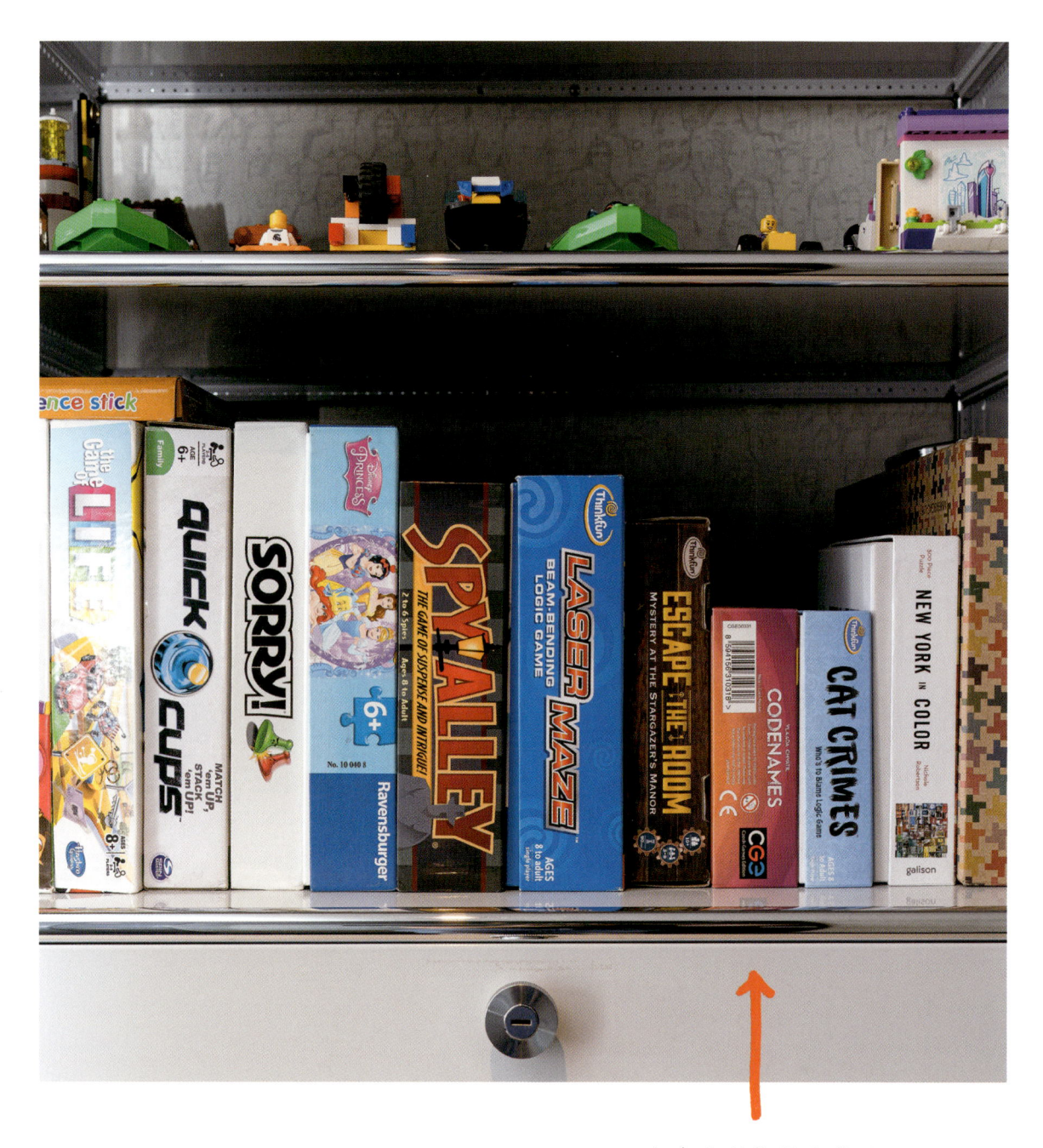

有多少遊戲是你真正
玩過一次以上的呢？

Chapter 7・兒童臥室與遊戲區 Children's Spaces / 145

打造和孩子一起成長的藝術區，可以讓這區域的混亂減至最低。

美術與手工藝用品

　　女孩們最愛的手工藝品，就算定期分類與清理，這些物品還是會瘋狂增長，乘法的魔力意味著紙張、亮片、膠水、貼紙、毛線、顏料和黏土會源源不斷地出現。設定指定的區域，例如一座櫥櫃或是一組搭配收納箱的層架，能夠限制這些物品的增長。有些孩子就是喜歡手作，如果這能讓他們遠離 3C 產品，即使會弄得一團糟，父母也只能欣然接受。

樂高

就我們的觀察，喜歡隨意組合樂高積木的孩子，遠遠少於想要蓋樂高艾菲爾鐵塔與海盜船的孩子。雖說有些孩子樂於發揮自己的想像力，但根據我們的經驗（無論是工作案件中還是生活裡），我們遇到的多數孩子都一心想要蓋出用來積灰塵的超大結構，然後就再也不玩了。然而這並不意味著孩子馬上就想把樂高扔掉，我們也曾見過設計來展示所有樂高積木的臥室。

我們處理過超多樂高積木，甚至讓我們發明了「樂高眼淚」的說法：這是發生於搬運樂高作品時，沒有把作品的各個部分用保鮮膜緊緊包裹的後果，於是孩子花費漫長時間搭建成的大型作品，在搬運中輕易地瓦解，帶來悲傷的挫折感。幾年前的某個夏天，我們為許多家裡有超多樂高的家庭搬家，我們幾乎得要聘用一位十幾歲的孩子，在新家把這些樂高積木重新組回去。

優秀的樂高設計讓人驚奇。但接下來會發生什麼事呢？是的，有些樂高積木可以回收利用，有些可以轉賣或捐贈。但事實上，樂高真的很難處理掉，就好像完成了一幅拼圖，你會希望它永遠擺在餐桌上。樂高的雪梨歌劇院，比普通拼圖酷多了，它需要更多的時間來完成，但是也更花錢。就算你一年只買一組大型樂高積木給孩子，假設從孩子六或七歲開始，每年送一組，直到上大學，你家就會有十二套左右的樂高積木組。或許你正咯咯笑著想，哪有大學生會收到樂高禮物啊。如果是這樣，那你恐怕不知道前一陣子發行的《六人行》中央公園咖啡館樂高組。

我們幫助過一些家庭把所有的樂高盒子和說明書都保存下來，預期會在未來的某個時候把作品拆卸並打包，日後再重組；而另一些家庭擁有超大的樂高收納箱，卻沒有保留說明書，因為「網路上都找得到」。

你真正需要多少樂高？

Chapter 7・兒童臥室與遊戲區 Children's Spaces / 147

還有一些家庭會把樂高積木的相關物件都重新包裝，打算「留給孫子」。我們可以讓孩子從小就知道，他們可以有幾天或是一個星期的時間組樂高積木，而之後必須拆掉樂高作品，連同說明書一起收回盒子裡，留著以後使用。不過，這個做法可能只適用孩子年幼時，對五歲孩子來說，接受媽媽拆掉他用二百塊積木組的車車還算容易，但如果以後要拆掉他用五千九百塊積木組成的泰姬瑪哈陵，那大概就不太一樣了。

　　我們得找出適合自己家庭的方式，如果擁有足夠空間，不管是想要展示樂高成品還是拆開保存，收藏樂高玩具都不是件壞事。但是，如果孩子已經玩膩了樂高積木，你又正巧認識另一個喜歡樂高的孩子，也許他可能會想要擁有你家的樂高。

衣服和鞋子

　　讓孩子養成一個好習慣：每當衣服不合身了，或是不想穿了，就把衣服放進衣櫥裡的捐贈箱或舊衣回收箱。盡量不要質疑他們的決定，也許孩子對這些衣物沒有感情（但是你有），也許他們不喜歡某條昂貴褲子穿起來的感覺。孩子們穿不喜歡的衣服時，總是會與父母抗爭，如果能夠傾聽孩子的喜好，在大多數情況下，只買他們想要穿的衣服，孩子會更知道如何自己打扮，並整理好自己的東西，你的生活也會一天比一天輕鬆。如果孩子現在就學會做出負責任的決定，你就不必永遠伺候他們了。假如在捐贈箱裡發現希望孩子保留的東西，比如奶奶送的毛衣，可以問問孩子為什麼，而答案若是合理的：「因為很刺」，以後就可以引導奶奶選擇孩子喜歡的品牌，從而減少浪費。

　　針對年紀較小的孩子，要堅持更頻繁地整理衣物（嬰兒衣物每月整理一次，幼兒則幾個月整理一次，大孩子每季一次）。這麼做會讓生活輕鬆很多，因為每次只要花半小時就能結束，而不是在已經排得滿滿的日程表中，抽出一整個下午的時間，從頭全部來一遍。

PRO TIP
整理玩具

在客廳只收納可以整齊擺放的玩具，例如樂高、小車車、磁力片和洋娃娃都可以；而亮粉、培樂多黏土或馬克筆則不行。

148

對孩子的衣櫃來說，少即是多！

Chapter 7・兒童臥室與遊戲區 Children's Spaces / 149

案例：溫蒂的故事

創意解決方案

　　溫蒂在兒童臥房裡運用過一個很棒的點子。在兒子剛出生時，她在嬰兒房裡放了一張附有輪子與收納抽屜的子母床，溫蒂計畫等到孩子長大一點時，把這張床當成小孩床。當兒子還處於小嬰兒時期，晚上溫蒂會在那裡餵奶，後來的說故事時間也是在這張床上進行。

　　之後，這張床的確變成了兒子的床，但溫蒂仍然沒有打算在子床上放床墊，而是用來儲物。一開始，用來儲藏所有尺寸不合的嬰兒禮物，後來又用來收藏孩子的玩具。她的計畫是等孩子再大一點，會有朋友或堂兄弟姊妹來家裡過夜時，就能在床上加床墊，讓孩子們一同睡在臥室裡。

　　而在那之前（我們初次見到溫蒂的兒子時，他才五歲），這裡仍然是個放玩具的好地方，孩子可以很輕鬆地把玩具收在這裡。

和玩具一樣，兒童服裝也屬於「少即是多」的範疇。不過，這個概念很難貫徹。盡量少買東西，每天需要處理的家務就會更少。大家容易以為擁有越多衣服，需要清洗的次數就越少，但事實並非如此，最終面對的反而是一大堆待洗的髒衣物，並且沒完沒了地洗衣、摺衣。衣物少，待洗衣物的量就少，只要頻繁清洗，每次的洗衣工作都能輕鬆完成。

等孩子年紀稍大，一直到他們成為十幾歲的青少年，只要抽屜櫃和衣櫥裡不是總有上百種物品等著他們挑選的話，孩子們會更能夠打理自己，也能更輕易地做出選擇。而到了週末，如果孩子開始沒有乾淨衣服穿，比起擁有足夠穿上一整個月衣物量的孩子，前者更加可能會自己洗衣服。畢竟要清洗一整個月的髒衣服會需要父母的幫助，但一星期的髒衣服量，他們自己就能處理。

恩典牌衣物

我們又要來粉碎你的夢想了：接收你家孩子所有舊衣服的人，可能並不想要那些舊衣服。別慌！這是真的！

說這些並不是為了讓你對於曾經給表姊妹、鄰居、姐妹、妯娌以及朋友二手東西感到沮喪心煩。我們告訴你這些，是因為當我們清理客戶孩子們的臥室時，經常會發現有些衣服對孩子來說完全不合理，這就是為什麼一袋又一袋的衣服甚至連孩子的房間都進不去。尺碼不對、款式不對、季節也不對。沒有人想要表現得不知感恩，傷別人的心，所以他們選擇繼續接受，你則繼續給予，到此為止吧！

在對待要傳給別人的舊衣物時，態度要像處理自己的衣服一樣謹慎。不要把破損、有污漬或變形的衣服送給別人。

有些衣服值得保存或分享，但並非所有衣服都是如此！

問問自己以及接收物品的那一家人,真正適合他們的是什麼。也許他們的女兒不喜歡或不穿洋裝與秀氣的舞鞋,這無關你花了多大把金錢購買。也許你家的男孩喜歡牛仔褲,而他們家的男孩則不穿牛仔褲。也可能對方家裡的舊衣服已經夠多了,不需要接收更多。

假如是為了家中的另一個孩子保留舊衣物,請裝在密封箱裡妥善保存。雖然這種箱子比較貴,但絕對值得。因為本來狀態良好的衣物,儲藏在劣質的箱子裡會很容易受潮發霉或變質,一旦如此,就不得不扔掉成堆的衣物。不過,衣物箱若是儲藏在室內,而不是閣樓、地下室或車庫,那麼普通的收納箱也可以。

兒童臥室與遊戲區順利運作的方法

在大多數情況下,成年人都不願意待在兒童遊戲室裡,對大人來說,遊戲室很無聊,經常讓他們感到不自在。因此,兒童遊戲室漸漸變成不常使用的房間,最後變成亂丟東西的地方。然而只有經過徹底整理,玩具與遊戲器材都能以孩子們易於維持的方式放回原處,遊戲室就不會成為讓大人害怕的地方了。

我們以為在孩子的房間或遊戲空間以顏色標記分類東西,對整理有所幫助,但其實往往會適得其反。孩子們光是學習把物品正確歸位已經夠辛苦了,還要避免因為放錯弄亂你的規畫而使你不開心,壓力豈不極大。為孩子的玩具、書籍和衣服一一採用顏色分類需要花的時間,多到遠超過我們實際身為母親的年歲。**請按主題分類:積木、汽車、玩偶、廚房、家家酒配件……這種做法比顏色分類有效得多。在箱子和籃子上貼上貼紙或照片作為標籤**,也能幫助孩子們知道東西應該放在哪裡。

處理兒童區域極重要的一點是:根據孩子們的年齡,建立相應的系統。因此,系統的設計必須能夠容許隨著時間推移而改變,並與孩子們一起成長。

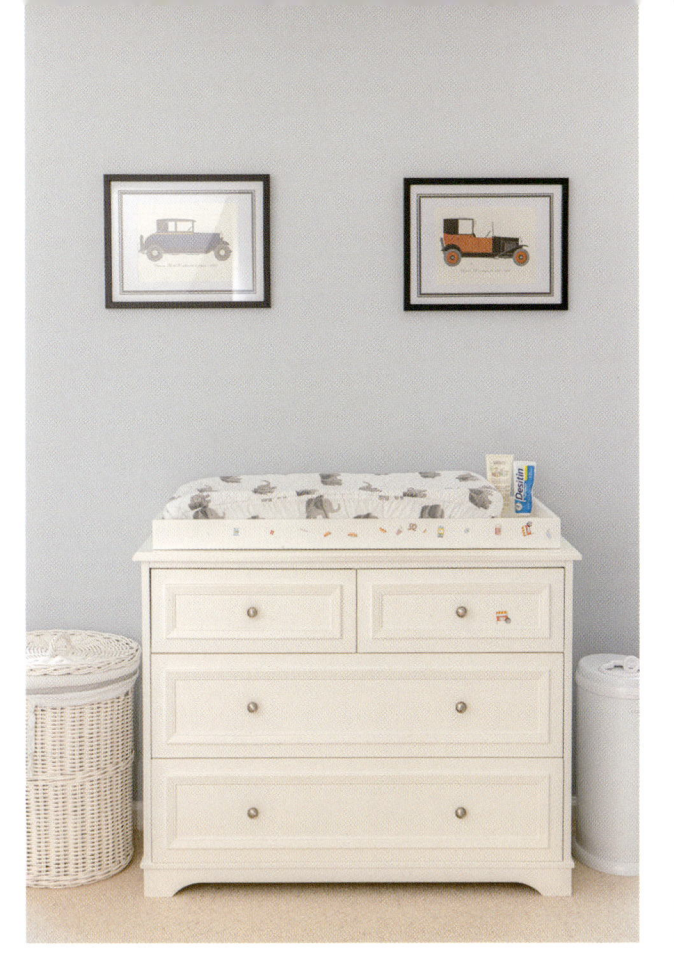

Chapter 7・兒童臥室與遊戲區 Children's Spaces / 153

PRO TIP
小坪數也能設置遊戲區

對於很多家庭來說，特別是住在大樓、公寓裡的家庭，遊戲區都設置在客廳，而孩子們的臥室空間也很有限。客廳的角落裡可能有一兩座書櫃之類的小空間，用來存放孩子的東西。在這種情況下，看不透的收納箱比透明的來得合適，尤其是家有年幼孩子時，他們還不會收拾玩具，你應該也不想在孩子上床睡覺後，繼續看到那一堆色彩鮮豔的玩具。請務必為收納箱妥善貼上標籤，不僅要有文字，還要加上圖片。標籤上的貼紙對整理汽車、動物和積木等物品很有幫助，能夠幫助孩子找到玩具，等孩子們再大一點，他們也能自己收拾玩具。

如果家中的系統適合孩子的年齡（例如將掛鉤安裝在較低處來懸掛背包、有收納鞋子的收納箱、玩具有足夠廣泛的分類讓孩子不會困惑等），孩子們就能學會自己收拾東西。

家裡有新生兒時，在尿布臺上擺放好寶寶所需的一切物品會很有幫助，包括濕紙巾和尿布，也把寶寶的衣服儲藏在尿布臺層架上的收納箱裡，如此安排可以節省時間。

父母們經常會落入的一種情況是：總是趁孩子們不在的時候進行超大型清理，卻又冀望孩子們清楚知道哪些物品被扔掉或捐出。這個做法確實可以消除一部分過多的物品，對還在搖搖學步的孩子們來說可以接受，但這並不能幫助四歲以上的孩子學習思考自己真正想要保留什麼、為什麼需要保留。這也意味著，父母將會錯過可以防止過度購買塑膠垃圾的教育時機。因此，我們建議與孩子們一起進行更頻繁、更小型的整理工作，而不是放任狀態發展到令人沮喪的程度，最後由家長自行決定處理方式。

別具意義的物品

「永久保存」是我們給紀念品箱貼的標籤。身為母親，與孩子有關的一切，都會認真地對待。隨著時間推移，你將會從箱子中取出不需再保留的物件，也許過程中會有些掙扎，但不必過度糾結。作為新手媽媽，你可能會留下過多充滿情感意義的東西，因為對你來說這整段經歷都是新的，你會覺得應該記住這一切。以後，當肚子裡的寶寶成為一個真正的人，你則會開始把重點放在保存那些能夠讓你回憶起孩子在特定階段模樣的事物。

每年都重新看一次箱子裡的物件，扔掉那些不再讓你心動，或不再讓你感興趣的東西。扔掉這些東西是沒問題的，我們的目標是在遙遠的未來，你能有一個（也許是很大的）收納箱，它是孩子之於你意義的情感記錄。但我們的目標並非是在有朝一日你家孩子當上總統時，能在博物館的展廳塞滿這些東西，這種事就留給歷史學家吧。

破除流言

「擁有遊戲間就能讓我的人生更美好？」

　　如果你家裡有真正的遊戲間，那麼意外後果法則（the law of unintended consequences）就會發揮作用。設計遊戲間時，我們都會想著讓孩子們有個適合的地方玩耍，並且能夠進行一些成人不太感興趣的事情。不幸的是，在很多情況下，孩子們並不願意獨自玩耍，甚至不願意和其他孩子一起玩耍。若希望遊戲間能減輕你的育兒負擔，訣竅在於讓遊戲間也能讓成人感到自在，這件事可以很簡單，放一把適合成年人的舒適椅子或一套桌椅，你就可以待在遊戲間做其他事情。

Chapter 7・兒童臥室與遊戲區 Children's Spaces / 157

/ column /

在兒童臥室與遊戲區的「充分擁有」理念實踐哲學

以能夠陪著孩子長大的精良物件為目標。

兒童儲物櫃

以孩子的臥房或遊戲間來說，像 IKEA 宜家家居的 Kallax 系列儲物櫃，就是絕佳的「有意識的投資」。能夠把玩具或書籍從地板上收起來，是一種有效的整理方式，為此，我們建議使用可以放置收納箱、結實耐用的 kallax 層架。你可以為年幼的孩子購買可愛動物主題的收納箱，等到孩子年齡變大，再更換成外觀更精緻的收納箱。

在孩子的房間裡，我們對「用心維護」的最佳建議是經常檢查，特別是在購買便宜物品時最好牢記這一點，因為這些物品不可能會在孩子的房間裡長久使用，更不可能耐用到可以傳承給另一個孩子。

是的，好的玩具價格較高，但如果以後還可以繼續轉贈給其他孩子，那麼每次使用的成本以及對環境造成的成本就會更合理。另外，請經常留意孩子不再使用的玩具，因為越早捐出這些玩具，就越有可能讓其他孩子有機會享受。

環保點子

高品質的玩具，例如經典的木製小車車和動物玩具，對孩子來說是一份珍貴的禮物。這種玩具經久耐用，會激發孩子發揮創造力。雖然我們也說過二手玩具並不總是合適，但經典的手工雕刻玩具可以讓不同的孩子接手玩上好幾年。

維護方法

維持兒童房間整潔的方法，會根據孩子的年齡與父母對髒亂的容忍度而改變。有些孩子天生愛乾淨，只是不愛收拾東西的孩子比較常見。對於注意力集中時間較短的年幼孩子，快速收拾似乎比較容易，而一旦零亂到需要幾個小時收拾的程度，則困難得多。隨著孩子長大，他們會希望按照自己的方式做事，因此青少年的房間看起來會與兒童時期的房間大不相同，這是好事，只是他們的房間不一定會看起來很整潔。這時你必須決定，是要請你的孩子收拾房間，還是把精力用在其他事情上。關上房門、繼續你的人生，這不須花太多力氣。

projects for small gardens
EVERYDAY SCIENCE EXPLAINED
Taylor's Master Guide to Landscaping
The Ultimate HERB Book
1000
1000
Ravensburger Puzzle
Ravensburger
Insel Goethe
Insel Goethe
Insel Goethe
Insel Goethe
Insel Goethe
Insel Goethe
ZEALOT
REZA ASLAN
J.K. ROWLING
Casual Vacancy
UNBROKEN
LAURA HILLENBRAND
ONE GOOD TURN
NUSSBAUM
THE GOOD LIFE
MORMON
MARTIN CRUZ SMITH
THREE STATIONS
VIENNA 1900
ART LONDON
NICK HORNBY
1000 PLACES TO SEE BEFORE YOU DIE

書房 Home Office

大幅提升工作效能的多功能空間

　　每個家庭對於書房都有不同的定位，有些作為居家辦公室使用，有些視為閱讀休憩的場所。它可以是一個獨立的空間，也能是開放式的設計。而隨著遠距工作的機會增多、生活型態的轉變，書房變成一個多功能的角色。

　　無論擁有的是一間完整的書房，還是設置在廚房裡的一角，甚至只是在臥室裡的一張小桌子，在這裡的人基本上都有一個共同目標：讓你的工作時間最大化。而除了在這裡「工作」之外，還有許多生活上的文書事務也會在這裡處理，舉凡從稅務與醫療申請，到學校表格和感謝信等等。

　　忘了繳稅、沒有按時提交孩子的夏令營表格、沒有送出醫療保險申請等，都會對現實生活造成影響。相較之下，雜亂無章的衣櫥只會讓穿衣變得困難，但是雜亂無章的書房則會影響家庭之外的生活。一個整齊有序、使用方便的書房，能讓你在此處理的所有雜務變得不再繁瑣。

書房用途廣泛，每個家庭的實際使用情況都不盡相同，它可能取決於你或你的伴侶是一名擁有個人公司的創業者、在家工作的全職員工或自由工作者。儘管用途多樣，但讓書房以高效能運作的系統都是一樣的。當整理系統設置到位時：

- 你能清楚地知道剪刀、膠帶和文件放在哪裡，就能節省時間。
- 不用為遺失的帳單支付滯納金，錢就省下來了。
- 朋友和家人知道你關心他們，因為你及時回覆他們的訊息。
- 報稅期間的壓力大幅降低，因為你擁有井然有序的檔案。

你是如何使用書房？

在思考如何設置書房空間時，需要像規畫其他區域一樣，務實地考慮自己的身份，以及將如何使用這個空間：

- 你在外面有工作嗎，或者這是你的全職工作空間？
- 是否與他人共用辦公室？
- 你主要使用紙本，還是習慣數位化？
- 保留紙本檔案的時間是否超過所需的時間？
- 書房裡是否有些角落亂塞著全家人不知如何處理的東西？

回答這些問題將有助於清理多餘的東西，也能以適合你和家人的方式進行整理。

你在哪裡工作？
在這個空間裡
也會進行其他
事嗎？

Chapter 8・書房 Home Office / 163

思考書房物品的
分類與去留

　　假如你是在家裡工作的人，我們建議將「個人文件」和「工作文件」分開處理。處理辦公區域的第一項工作，就是將所有文件集中在一起後，按主題分類（如財務、目錄、與孩子有關的文件），然後再細分（例如，在財務類別中，你會看到信用卡帳單、電費帳單和抵押貸款帳單等）。大抵上，這些財務相關資料都可以透過銀行或電力公司的網站查詢，因此請將這些紙張絞碎，我們建議準備幾個貼上「碎紙」標籤的箱子（請使用較小的箱子，因為裝滿後會很重），然後你就可以輕鬆地把碎紙扔進去。假如有些重要的稅務文件是無法在網路上取得的，則建議保存七年。一如既往，尤其是與事業相關的文件中，哪些文件應該保留紙本副本，請向會計師諮詢。

　　如果你沒有特定的辦公區域，請將所有文件搬到一個可以容許你在那裡花上一些時間處理的房間，甚至可能是好幾天的處理。將所有紙箱和紙袋放在餐廳是個好主意。

　　這也是接受伴侶幫忙的好時機。如果你一直把家人趕走，告訴大家你想自己整理、清理的話，請記住：文件很重！如果需要的話，務必尋求幫助。

　　文件是居家環境整理中最難、進度最慢的部分。因為大多數文件至少得要看過一眼再處理，有些甚至要完整閱讀才能決定去留，而且數量又多。好消息是，我們擁有的文件量比以前要少得多，即使是仍在閱讀印刷報紙和雜誌的人，也不再像以前那樣剪貼保存報導了，大家普遍認為能在網路上找到自己需要的資訊。

　　過去，我們曾幫助客戶整理裝滿幾十年累積下來文章的文件夾，內容包括客戶想去的地方、食譜、給朋友的建議以及給自己的建議等，這些歸檔系統令人印象深刻。有時，整個房間裡都是文件櫃，退休醫生和律師會為自己、客戶或病人保存可能需要的文件，作家們則保存著各種紙張，以幫助他們在構思時能夠追溯過去或往前推進，直到完成一篇文章或手稿。

有些文件就是
必須保留！

　　隨著時間過去，文件會被從抽屜中取出來，放進檔案箱中，之後書櫃裡、閣樓、地下室以及儲藏室和車庫的層架就塞滿了這些箱子。而隨著人們漸漸學會掃描文件和使用網路，這種行為正在逐漸消失，但許多人仍然在面對這一轉變，或者協助他們的父母進行電子化作業。大部分個人舊文件、舊帳單真的沒必要留著，鼓起勇氣把它們撕碎吧。

待辦事項包

　　所謂的待辦事項包，我們又稱為恐怖包。如果你在讀到「恐怖」和「包」這兩個詞相連在一起時，就已經點頭認同了，那表示你不需要我們多加解釋。恐怖包通常是一個手提袋或購物袋，裡面裝滿了各式各樣紙本的待辦事項、已辦事項或將辦事項。內容可能包括一本頁角被折下的雜誌（代表一趟可能的旅程）、邀請函、帳單、退貨收據、用來記住商店位置的收據、門票、戲票，也許還有信件和卡片，並且一定會有名片。

恐怖包最可怕的地方在於，有一就有二，有二就有三。這代表著一種生活方式。處理它們時，請把裡面的東西全部倒出來，然後按照以往的方式先進行大分類，接著再細分。

文件囤積者

留戀文件的人多半是我們最聰明的客戶之一，他們的聰明往往導致他們對資訊有一種勤奮的處理方式。當他們閱讀時，腦海可能會閃過一個想法，並想到可以從這些知識中受益，所以他們會折疊雜誌的一角，或在文章旁邊打上星號。他們喜歡閱讀實體報紙，因此仍然訂閱報紙。他們質疑數位檔案會有所遺漏，因此他們會如此徹底地執行自己的作法。

習慣保留紙本文件的人，通常害怕遺忘一些可能會有用處的資訊。如果你和有文件囤積症的人一起生活，請試著在他們的行為中往好處看。

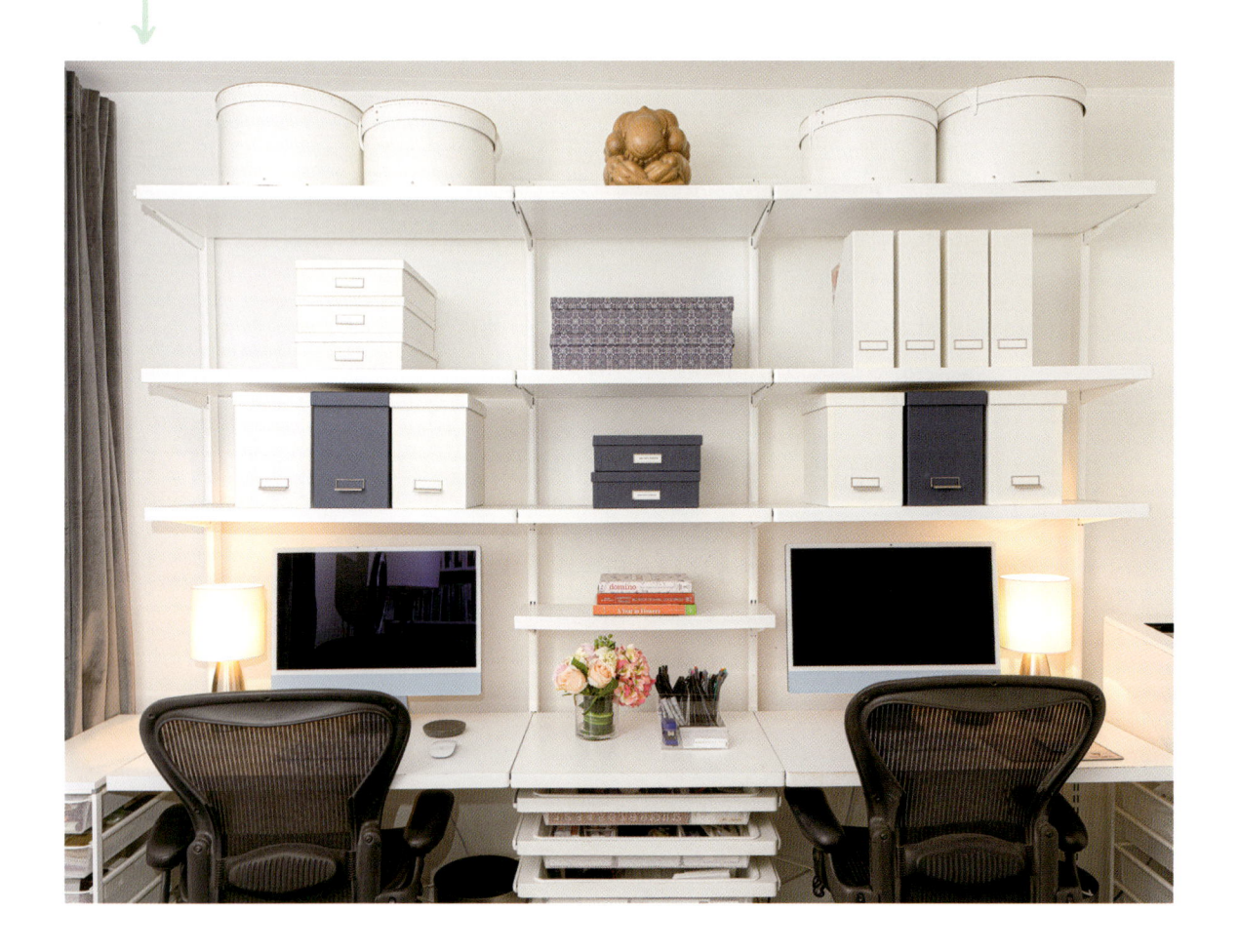

紙製儲藏盒可以看起來超美。

清理紙張

帳單、保存檔案與雜誌

讓我們回到那些堆放在餐廳裡或餐桌周圍的文件、箱子以及恐怖包（待辦事項包），如果你或同住家人留存了大量文件，那麼必須空出足夠的時間，才能好好翻閱每一張紙。

整理大量文件不可避免地很花時間，所以要把握好節奏，不要被檢查每一張紙和每一份檔案所困擾。整理時你可能會發現，像信用卡帳單這樣的小類別，遠比電費帳單難處理。所以建議從簡單的類別開始，把最難處理的類別留到最後，等你練就了一身「碎紙肌肉」之後再處理。

就算接受了電費帳單可以線上查看的概念，你也可能還沒準備好改用電子帳單，若是這樣，你可以嘗試建立新的混合系統，亦即仍然接收郵寄的紙本帳單，然後線上支付帳單，之後便能把帳單送進碎紙機，而不是歸檔。

個資外洩是一些文件囤積者會擔心的問題。如果你已經願意扔掉多年的電費帳單，最初可以採取一些小步驟讓自己安心，也就是把任何載有個人資訊的資料都絞碎。但並非所有的擔憂都是理性的。如果我們說，在雜誌送到你家的過程中，你家的地址標籤已經被很多人看過了，因此撕碎所有標籤是沒有必要的，我們的理由也不會改變你什麼，尤其當你被個資外洩的恐懼緊抓住的時候。

當有人對此抱有恐懼時，通常會發生的情況是：不僅有個人資訊的標籤會被留下，雜誌和報紙也會被留下。

對文件囤積者來說，分類太快會適得其反。所以，第一階段只要先撕掉地址標籤，回收雜誌和報紙、把地址標籤絞碎，然後在玄關，也就是郵件剛拿進屋裡的地方，建立起新的系統：向自己保證，在撕掉地址標籤之前，不准看報紙和雜誌。也許可以在玄關櫃放一個小籃子或垃圾桶，這樣你就會記得馬上把標籤撕掉。也在書房或客廳放一台碎紙機，把載有個人資訊的信封絞碎。

創造簡單而有邏輯的分類。

Chapter 8・書房 Home Office / 167

優雅地藏好雜物。

慢慢處理紙張，避免出現「你扔掉了以後可能會用到的東西」、「你扔掉了沒有仔細看過的東西」的無力感，這種感覺會導致你對扔進垃圾桶或絞碎紙張產生更廣泛的麻痺感。我們的目標是要像處理一疊疊、一袋袋和一箱箱的紙張一樣處理自己的感受，所以慢慢來。

如果你對紙張沒有任何依戀，只是文件累積太多而失控了，那就開始把它們分類，比如雜誌、商業或個人文件，以及需要處理的郵件，然後再分成若干小分類（比如還沒支付的帳單、還沒回覆的邀請等）。

當《People 時人》雜誌等堆到你的膝蓋時，你可能就沒那麼關心名人的婚姻了。雖然你可能認為哪天會閱讀那三十期的《The New YorKer 紐約客》雜誌，但你必須辭掉工作，住在森林的小木屋裡才能辦到。所以，你也可以考慮回收這些雜誌。

碎紙

想要化解處理敏感個資的緊張情緒還有其他方法，無需在後院放火燒文件。如果你有幾袋需要粉碎的紙張，可以把它們送到專業機密文件銷毀公司。若文件太多，自己不太方便搬運，也可以打電話給這些專業公司，他們會前往你家載運。這些公司使用上鎖的箱子來存放紙張，以便日後碎紙，事後也會提供「銷毀證明書」佐證。更甚者，如果你想親眼目睹碎紙過程以求安心，可以找一家在卡車上碎紙的公司來處理。

如果你一想到個人資訊（銀行對帳單、信用卡對帳單、地址標籤）要離開你家就緊張不安，可以找一家與銀行、律師事務所和信用卡公司合作的文件銷毀公司。假如你非常焦慮，那就試著想像一下這些公司有多麼不希望這些資訊被公諸於世，你就會知道他們會有多麼謹慎處理。

原子筆和鉛筆

為什麼這麼小、這麼實用的東西也要有自己的「家」？它們不管在筆筒、抽屜、書桌或手提包裡都不會造成什麼困擾，對不對？錯了！原子筆和鉛筆無處不在，還會不斷增加。現在就把斷水的、沒筆蓋的都扔進垃圾桶吧，會讓你的居家環境感覺更輕鬆、更有條理。

你有沒有一種情有獨鍾的筆，只要能夠找到，你毫不考慮地會拿它來用？那就買一整盒這樣的筆，而且把從銀行帶回來的那些幾乎不能用的筆扔掉。

挑選出還能用的筆與鉛筆，將它們收納在一起。

> 案例：約翰的故事

當雜亂無章變得很酷？

幾乎在所有情況下，我們都認為功能齊全的辦公空間會提高工作效率，但是我們遇過的客戶約翰，卻能夠充分解釋這並非一定的道理。約翰是一位被視為美國國寶的生產力超高的藝術家，他的工作區堆滿各式各樣的物品，毫無秩序可言。但我們絕不會批評他的系統，因為很顯然地，這個系統對他來說行得通，甚至是很好用。

整理並非一體適用的公式，只要空間沒有侵害到其他人，就算看起來有點瘋狂也沒關係！而衡量這種選擇是否合理的方法，是觀察以這種方式生活的人的產出情況。假如這樣可以寫出了一部偉大的小說，那就讓他繼續做自己吧！但如果忘了繳稅而必須支付巨額罰款，那麼是時候該清理一下並建立新的系統了。

附有抽屜的書桌，
能幫助你避免檯面
上的混亂！

照片

實體照片對於曾經擁有過相機而非手機的人來說是一個大問題。大多數人都不清楚如何分類並保存這些照片，但照片又佔據了家中太多空間，導致這整個問題看起來很棘手。

我們的許多客戶都擁有一袋袋、一箱箱散亂的照片和相簿。根據客戶的不同年齡，這些可能不僅包括個人相簿，還包括從父母或祖父母那裡繼承的相簿。

我們建議將整理照片的作業與其他整理作業分開。先為這項工作建立基本的秩序，然後保留到某一天沒有安排任何事情的時候再進行即可。

建立秩序包括將喜歡翻看的相簿固定位在你能找到的層架上。所有其他相簿與零散的照片，都應存放在密封的箱子裡，這樣一來，就算這項工作一直延遲，也不會有照片被毀壞的風險。不要把照片收在太深的盒子裡，因為大量的照片很重。

把收納箱放在符合你的「時間預期」的地方，並且一如既往地區分幻想與現實，例如，如果你認為會在未來幾個月內完成這項工作，就可以把所有相關物件先收在靠近整理區域的書櫃底部。事實上，照片就是記憶的提示，因此人們總是留戀照片，這也是為什麼很難把它們扔掉的原因。

一旦準備好要開始整理了，就把**照片按時間段分類堆放，再依事件和家庭細分**。這意味著，多年前的結婚照片是一堆，兒子的畢業照則是另一堆。這樣歸類可以幫助你更容易挑選出最好的照片，並捨棄其餘照片。這麼做還可以避免忘記某人、某地、某事。請給自己保留充足的時間來完成這部分工作。

處理第一個分類箱時，不要急於認為已經完成了。每次處理完一個箱子後，趁照片在腦海中還記憶猶新時，就像玩大型的「集中注意力」遊戲一樣，試著將散亂的照片與相簿中的事件搭配起來，最好的照片很可能就藏在其中。

根據照片在相簿的放置方式（以照片的四角固定，或是黏貼式），你也可能會想要將照片取出，進行數位掃描，還可以製作數位相簿（如Apple Photo相簿），以減少它們在家中佔用的空間。如果家裡有孩子，透過數位化這種簡單的方式，你便能輕鬆地為每個孩子製作一本集結各個成長階段、重要家庭時刻的相簿。

最後，可能會剩下很多沒有掃描存檔，也沒有放入相簿裡的照片。這些照片可能會被存到「永久保存區」。不過，我們也經常遇到決定扔掉整個相簿的家庭，因為沒有人知道照片上的人是誰，所以我們建議在照片背面用鉛筆記錄照片中的人名（請用全名，不要只寫外號）。未來家族中有人對家譜感興趣的話，這會讓他們的研究變得更容易。

　　執行著這些步驟，照片堆會越來越小，可以慢慢將不同的收納箱合併，減少整項工作的份量。最終可能只剩下一兩箱，你也感覺無法再繼續下去了。沒關係，只要箱子中的所有照片都標註清楚，保存一些零散的照片也無妨。

3C 產品

　　使用 3C 產品的人大致可以分為兩大群體，一類人相信任何線材都是可以更換的，另一類人則把保留每一條線材視為個人挑戰，當他們每隔一段時間，將線材與設備成功配對時，就會感到深刻的滿足。

　　假設你屬於第一類，你的配偶則屬於第二類，那麼你的生活中可能充斥著裝滿一大堆線材和舊遙控器的收納箱，更別提原裝 iPhone 及 iPhone 包裝盒了。3C 產品總是推陳出新，但你可以做一些事情來讓這些雜亂無章的東西變得比較容易管理。

　　從包裝盒開始：稍微做些功課就能證明，如果保留Apple產品的包裝盒，決定賣掉產品的時候，或許價錢可以賣得高一點，但是，是否有必要將所有的包裝盒都保存多年？

　　iPhone 的盒子很小，看起來似乎沒什麼大不了，但是桌上型電腦的箱子呢？那就另當別論了。除非你馬上要搬家或打算賣掉電腦，否則沒有理由保留這些箱子，箱子的設計只是為了在運送過程中保護電腦，而不是因為它們能增加價值。

　　Apple包裝盒確實算是 3C 雜物的小分類。它們的設計出色，簡潔又好看，同時又具備功能性，讓昂貴的科技產品能一直安穩地窩在自己的小房子裡，直到被送到我們手上！

　　但這是否表示我們必須保留所有包裝盒？如果你或你的另一半決定要保留所有盒子，可以考慮把它們收納在密封箱裡。

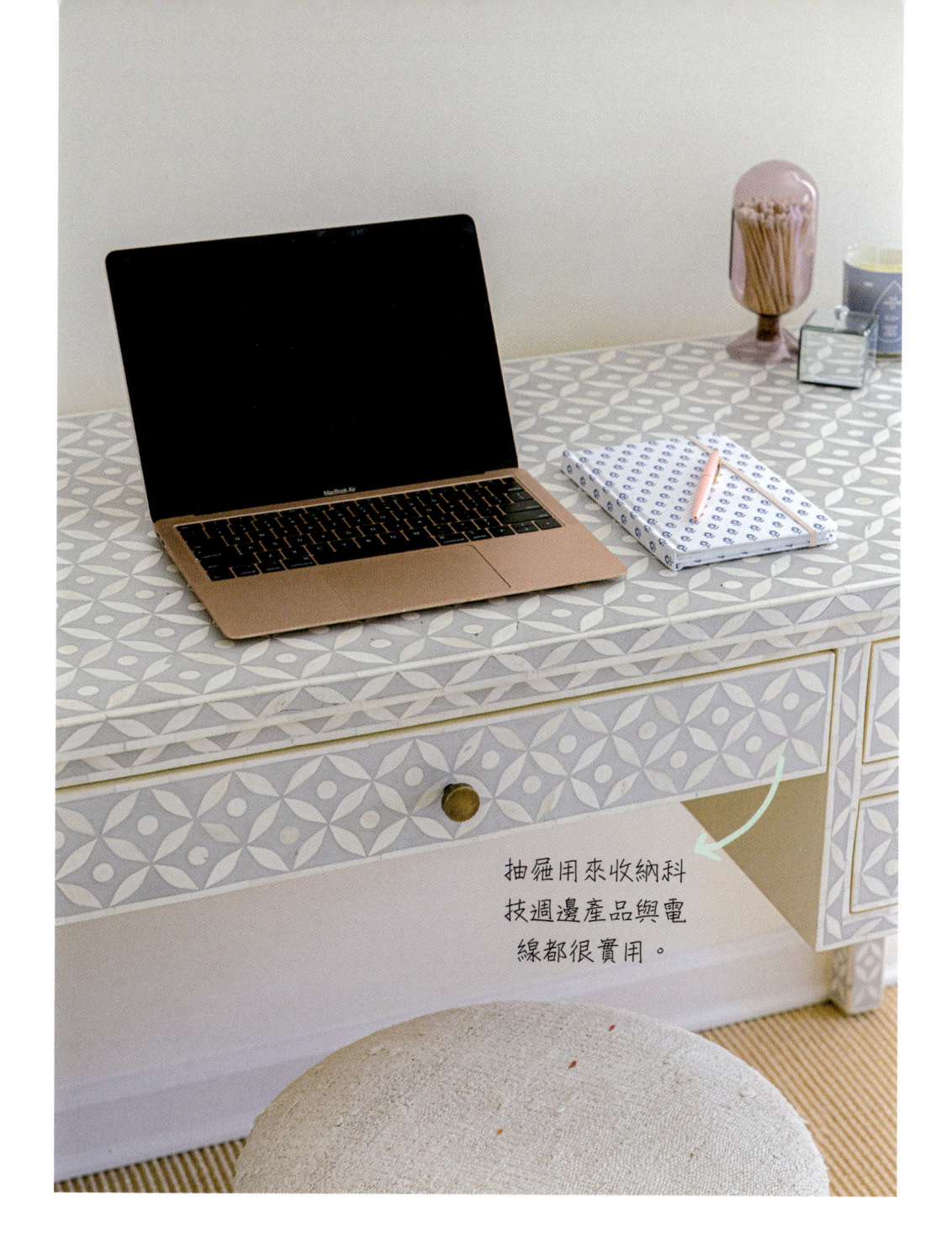

抽屜用來收納科技週邊產品與電線都很實用。

　　管理3C產品的真正訣竅在於學會如何正確丟棄科技物品。找到回收物件的業者,並定期進行回收,這樣你就不會面臨電腦墳場的問題,以後在人生中也不需要試圖整理一堆舊電腦。

Chapter 8・書房 Home Office / 175

下一個大類是電線，我們想請大家把線材全部回收（電線是電氣廢物），但我們知道這永遠不會發生。大多數客戶都承認，他們很少甚至從來沒有扔掉過收納箱裡的線材，儘管收納箱已經就這麼待在那裡好幾年了，搬家時大家仍然會都帶著它。

　　清理線材需要至少一個小時的時間，所以也許可以在看影片的時候完成這項工作。請把線材依類別分開，以免重複。仔細檢查每條線材，舊筆記型電腦的電源線、舊 iPod 的傳輸線都可以扔掉了，還有早就淘汰的那支手機的充電線。最理想的狀況是：把線材整齊地捲好，收拾成一個小收納箱，裡面裝滿目前使用設備的對應充電線材，別再讓各種線材散落在你的生活動線。

　　我們知道，科技產品和伴隨而來的混亂可能會長期存在，但沒必要讓它待在你的客廳，甚至更糟糕的待在你的臥室裡。如果你住在公寓或是收納有限的老房子裡，可能沒有合理的空間存放這些設備，那麼請試著問問自己，每一件物品究竟能給生活帶來什麼益處，以及為了保留這些而放棄了什麼。

整齊捲好併統一收納，以避免各種線材遺失或纏在一起！

你與家人真正工作的
空間是哪裡？

Chapter 8・書房 Home Office / 177

實例：貝絲的故事

打造櫥櫃指揮中心

在家中沒有必要設置專門用於工作的巨型辦公室。居家工作的時候，有時只要發揮一點創意，就能有很大作用。貝絲有四個孩子，全家人隨時在忙不同的事，並且有不同的需要。貝絲的「媽媽指揮中心」只是一座十英吋的小層架，她拆除了位於廚房旁客廳的一座壁櫥，這裡本來是孩子小時候放玩具和遊戲的空間，現在則改造成一間櫥櫃式辦公室。

建立廚房指揮中心

我們許多客戶都是家中有孩子的母親，她們選擇在廚房裡設置一個區域，來安排日常生活。把「媽媽指揮中心」設在其他空間是沒有意義的，因為在準備飯菜、用餐和監督孩子寫功課之間，很多時間都是在廚房裡度過。

指揮中心可以是一張小書桌，或是使用廚房櫥櫃的下半部，因為我們不需要太多空間來放文件，大多只放置家庭生活中的各種待辦事項，比如帳單、夏令營表格和邀請函等，也可以在這裡放一個裝了備用手機充電線的小箱子。如果一切都安排得當，可以告訴孩子們，如果他們有什麼需要處理的事情，就應該放在這裡傳達。

可以在這裡掛日曆記錄事項，或是，如果家人年紀都夠大了，可以創建全家共用的線上日曆。無論採用哪種方式，共用的家庭日曆都能讓繁忙的家庭生活變得輕鬆。你可以記錄所有約會和約定，以及有關孩子們的任何事情。也許有一天，你會在日曆上發現一個空閒的日子，趕緊預約使用你錢包裡珍藏已久的按摩禮物卡，它已經在你的錢包裡住了一年……甚至兩年了。

如果你夠幸運，能夠在客廳或餐廳裡放進一張真正的書桌，那裡就可以收納信封、零用錢、鋼筆、鉛筆、迴紋針等，甚至還可以放一台小型印表機，以備不時之需，這樣就不必跑到書房或臥室列印了。

請花一分鐘時間想一想，每天早上在家裡，就在你準備出門時，總是在最後一刻發生而需要處理的是哪些惱人的事？有些事是你家特有的，而設立指揮中心就是為出門時不可避免的緊張感做好準備。

讓你最常用的物品能夠被輕鬆找到。

破除流言

「我得把所有與納稅有關的文件都保存七年？」

　　沒錯，但是你也可以用數位方式保存這些文件。如果需要任何舊報表，都可以上網列印出來。將絕大部分需要保存的內容掃描，並將檔案存放在資料夾中，標明稅別和相關年份。另外保留一個箱子專門用來存放與稅務相關的資訊，雖然現在金融生活中的很多東西都是數位化的，但可以在箱子裡為每個年度都準備一個大信封，用來收集每年不易掃描的文件。稅務資料建議保留七年，以便獨查，而當時間到時就能把所有資料集中收拾掉。像這樣的箱子可以存放在閣樓、儲藏室，因為不會經常用到它們。

讓書房順利運作的方法

這幾年來,辦公桌的設計趨勢是時尚簡約、沒有抽屜,或者只有一個很薄的抽屜,裡面也許可以放幾張紙和一支筆。而事實上,你需要收納的物品有筆、文件、卡片、信封、支票簿、電子產品等等,無抽屜辦公桌絕對會變成一座堆積如山的雜物堆,混亂的物件會讓你很難完成任何事情。如果你的辦公桌沒有配備抽屜,可以考慮在下面加裝一套獨立的抽屜櫃。

在家中設置一個收件箱或投遞站,可能會有助於你處理其他家人的事務,譬如收集文件、帳單或任何需要回覆的事物。

清楚瞭解哪些文件需要以實體紙張的形式保存,哪些可以掃描存檔甚至碎掉,這樣就能將保存的紙張減少到最低,讓生活運作順利。

如果你擅於管理數位檔案,那麼,掃描文件對你來說是很好的選擇,但如果你的電腦是個黑洞,掃描也無濟於事。

一旦你把不需要保留的物件都清理掉,剩下的工作區域就更容易管理了。

顏色編碼可以使尋找檔案更加便利。

/ column /

在書房的「充分擁有」
理念實踐哲學

舒適的辦公
椅是值得的
　投資！

辦公椅

隨著越來越多的人在家中工作，並在書房度過許多時間，「有意識的投資」是必要的。我們建議首先選擇一把舒適的辦公椅，無論是符合人體工學的椅子，還是升降式辦公桌，都值得你多花一點錢。研究表明，你在工作期間對自己的身體照顧得越多，你的工作效率就越高。現在不是使用那張搖搖晃晃的老椅子的時候，也放下不要的餐廳椅。

環保點子

好消息是，書房有許多物品都是可回收的！但是，我們也確實需要知道，其中大多數不能直接丟回收：

- 印表機的墨水匣可以送到當地的連鎖 3C 用品店回收。並非每家商店都接受所有類型的墨水匣，因此請提前致電詢問或在網路上查詢一下，以避免任何麻煩。
- 如果家中有不要的電源線或充電線不可混入一般垃圾，必須分類為「回收資源」並交由清潔隊資源回收。
- 行動電源屬廢乾電池類，便利商店、超市、量販店或無線通信器材零售業，皆有廢乾電池回收據點，提供給大眾回收。若要交付資源回收車，為了避免垃圾壓縮車高溫導致起火，需將行動電源與其他回收物分開包裝。
- 手機屬於廢資訊物品類，除了通訊賣場、電信與手機門市提供的回收管道外，也可以直接交付資源回收車。
- 針對比較大的物品，例如平板電腦或筆記型電腦，可以送到 3C 連鎖賣場「以舊換新」方式回收，或是拿到 7-11 或全家便利商店門市回收處理還可以獲得商品抵用金，可掃 QR code 查詢。

7-ELEVEN 資源回收資訊　　全家 資源回收資訊

維護方法

把文件整理好，等到每年報稅結束，就是進行年度清掃的好時機。因為你已收集了所有必要的文件，進行納稅或把文件寄送給會計師，所以你會知道需要保留什麼、哪些可以絞碎、哪些應該回收。如果每年都抽出時間快速處理掉不需要的物件，並整理好保留下來的部分，你的居家辦公空間將全年保持高效運作。

BUG SPRAY SHOPPING BAGS

SPARKLERS
BUBBLES SPORTS

儲藏空間
Storage Spaces

階段性調整功能的獨立置物空間

　　依據居住區域與房型的不同，可能會有額外的儲存空間，例如儲藏室、閣樓、車庫等。這些儲存空間對家的意義，就像大船上的小艇一樣：在日常生活中不那麼重要，但如果無法正常運作，就會發生很多問題。

　　這些空間對於小坪數的家庭來說也是至關重要。相較於獨棟獨戶的透天厝，住在公寓大樓的挑戰之一，就是往往沒有那麼大的儲存空間。不過，無論住在哪裡，一旦這些空間井然有序且協同運作，家庭的日常生活就可以順利進行。

　　許多人傾向於將所有儲存空間視為可互換的，而非專用的區域。例如，車庫應該儲藏備用的家庭用品和工具，儲藏室用來保存節慶物品和舊衣物，閣樓則適合儲藏永久保存的東西，但這些東西並非限定只能放置於此。

當這些不同的系統沒有建立好秩序，導致所收納的物件沒有好好歸類時，就會發生混亂、過度購買與挫折感。有時候，人們會因為這些空間允許存放過多的物品而難以節制，但這是可以改善的。

在選擇儲藏空間時，請務必考慮氣候。如果閣樓沒有隔熱，或者地下室會淹水，那麼許多物品都不適合存放在這些空間。

如果住在大樓或華廈，地下室可能有儲藏室，公寓或聯排透天厝的住戶可能需要另外租儲藏空間。這種儲存空間通常需要額外的費用，也往往比車庫或閣樓小得多，因此遵循以下指南更為重要。我們完全理解當家裡沒有空間放置節慶裝飾品或家庭紀念品等物品時，會需要額外的儲藏空間，但假如你沒有這麼大的需求，就算是只超出一公分的費用也不需要付。

你家的車庫不須總是為了停車而空著。

整齊有序的收納很重要，原因如下：
- 可以節省節慶裝飾品的費用，因為你知道家裡有什麼。
- 可以節省尋找所需物品的時間。
- 可以省下購買體育用品的錢，因為家中已有的器材一覽無遺。
- 可以將車輛停放在車庫裡。
- 可以確保珍藏的物件正確收納，避免毀損。

有些人無法在車庫裡停車，而阻礙車輛停放的原因並不是車庫的大小，而是車庫裡的東西實在太多了。假如這些區域沒有爆滿的話，你還可以在這裡享受其他樂趣！我們有一位客戶將車庫改造成健身房，另一位客戶將地下室改造成很棒的遊戲室。

你是否有妥善利用
這些物件，多到應
該保存它們呢？

188

你是如何使用儲藏空間？

有些儲藏物品是季節性的，例如節慶裝飾或海灘和游泳物品，這些是額外空間的完美用途。沒有人希望家裡的聖誕樹、萬聖節裝飾或游泳圈、浮板堆積在客廳或臥室裡。

儲存空間中還有一些家人曾經使用過的物品，例如：足球裝備、網球拍、高爾夫球桿、自行車，它們的狀態非常好，可以繼續使用，因此被保留下來。當然，除非使用足球裝備的家人當時十二歲，現在已經十九歲或三十歲，很可能再也不會踢足球了，那麼這些物品就該清理掉。如同整理房子的其他部分一樣，從儲存空間中整理出捐贈物品的速度越快，就能讓其他人越快使用它。

幾乎所有人都捨不得丟棄放在儲存空間的物件，以下狀況聽起來很熟悉嗎？

- 你與家人無法就是否丟掉某樣物品達成共識。丟掉的物品永遠拿不回來，所以通常就先留下來，但又不能放在家中的生活區域，因此這些東西會被挪到儲藏區域。
- 孩子捨不得的玩具，但也不再使用了。因此你省去和孩子交涉的力氣，將這件物品保存在地下室、車庫或閣樓中。這一段時間可能是有意義的，但是假如玩具的主人已經長大，並擁有自己的家，請考慮減少這種收藏。你可能捨不得扔掉全部玩具，因為你想為未來的孫輩保存，但請試著將這些玩具縮減到只剩下一兩個收納箱的量。

思考儲藏空間的
物品分類與去留

　　由於這些儲藏空間往往互有連結，我們建議同時整理。**將物品分類為情感物品、節慶物品、工具、運動器材和玩具等類別。**透過將這些來自不同區域的所有物件放在一起，並將它們一一分組，你可以開始了解自己真正擁有的東西有多少。

　　與所有清理工作一樣，將所有物品拿出來檢視，並將同類物品分在一起。這意味著：所有體育物品是一大類，先把它們放在一起，再根據實際的運動項目進行小分類。玩具可以按年齡或主人細分。保留

> 想想你何時、如何使用這些物品，依據答案來將物品歸位。

你上一次去沙灘或泳池是甚麼時候呢?

一個區域專門放置那些已知絕對會留下的物品,例如新的露營設備或目前使用的運動設備,但先不要急著將物品放回車庫等處。即便再大的空間,如果在開始收納物品之前沒有充分考慮儲存需求與處理方式,很容易就會超出儲存空間。
- 檢查所有戶外玩具,並丟掉孩子不再使用的玩具。
- 檢查所有打算轉贈給朋友的二手物品,如果有些物品對方已經用不上了,但仍處於良好狀態,請捐贈到慈善機構。

節慶裝飾品

節慶裝飾是最難清理的物品之一,這些物品往往交織著美好的回憶,每一件彷彿都充滿情感。但事實是,它們是否真有那麼特別呢?如果裝飾品的儲藏空間已經不夠,你就不得不做出一些決定。

我們的建議是選擇一個類別，例如聖誕裝飾品，然後將所擁有的物件都放在一起，讓你可以好好看看全部物件。選出前五名絕對必須保留的物品，例如：你與伴侶一起購買的第一件裝飾品、兒子讀幼稚園時做的雪人、你童年時聖誕樹上的星星禮帽等等。把這五個物件放在一邊，看看還剩下什麼。接著，選擇你不會懷念的五樣物件：在賣場買的裝飾小球、看起來不錯但從未真正喜歡過的塑膠冰柱、公司聖誕交換禮物活動中拿到的怪異小精靈……把這些放捐贈箱裡，繼續再重新執行一次整個過程。

老實說，這會是艱難的過程。讓這件事變得容易處理的方法之一，是對你未來購入的東西保有極高的意識。切勿僅僅因為看到某件商品打折就購買，**請遵守「一進一出」的規則**。如果在商店裡看到某樣你認為必須擁有的物品，請記住，當你帶著新商品回家時，你將不得不扔掉已經擁有的類似商品。你可能會驚訝地發現，實際上你也沒那麼喜歡商店裡的那件小玩意！

問問自己，多少聖誕節（萬聖節／生日派對）裝飾品才算太多？

三大收納區域

不論你的家庭是否擁有一個車庫、閣樓或地下室（有時還有家中的儲藏室或租借個人倉庫），或是三大區域都有，重要的是請記住，這些儲藏空間的使用方式非常相似，但也存在一些差異。

放在這些空間的東西往往是我們想要保留的，儘管我們可能不再使用它，或者不常使用。這點很好，這就是設計收納空間的目的。

理想的情況是，汽車都可以停在車庫裡，閣樓都可以有空間，並且由真正的樓梯輕鬆進出，地下室永遠不會淹水，儲藏室裡永遠不會有老鼠或蟲子。可悲的是，我們並不是生活在一切井然有序的天堂裡。現實世界中，我們必須扔掉裝著畢業紀念冊和節慶裝飾品的箱子，因為它們在淹水的時候濕透了；我們設置捕捉老鼠的陷阱卻又

讓你的閣樓成為保存物品，卻不被遺忘的空間。

將牠們放生，因為我們不認為自己是兇殘的人類（儘管我們也知道，當我們把老鼠們帶到野外放生後，牠們會去找朋友，排定計劃回到我們家，因為我們沒有先把牠們殺掉）。

別具意義的物品：傳承的物品

讓我們深入地探討在各種儲存區域中的最大問題之一：傳承的物品，我們會針對四個不同的區域進行討論。

這些物品是由某人（通常是年長者）送給某位家庭成員的，接收的人之所以沒有說「不用了，謝謝」，是因為贈送的本質是善意，而且往往關乎回憶。因此，阿姨的瓷器或爺爺的椅子等物品，或許不太匹配，卻無害地收在閣樓、地下室、車庫或儲藏室。

最大的挑戰是近親去世時，沒有時間檢查親人家中的遺留物品，這很正常。沒有人願意繼續為無人居住的公寓支付租金，也沒有人願意為空屋再繳一年的財產稅和抵押貸款，因此通常的情況就是，除了打包處理掉真正的垃圾之外，其他物件都被裝箱，並放入家裡的地下室、車庫或閣樓。沒有人願意在悲傷的時刻做出決定，而且，悲傷消退之後，也幾乎不會有人願意坐在已故親人的遺物旁邊，嘗試決定保留什麼、捐贈什麼或扔掉什麼，更不用說還得顧慮其他家人可能想要保留什麼東西了。

我向你保證，我們不是在談論畢卡索真跡、一大堆現金、限量簽名首刷書和鑽戒。你姐姐已經擁有了這枚戒指，限量簽名首刷書就在你的層架上，你哥哥拿走了畢卡索的畫，因為他是銀行家，有能力繳遺產稅。現在剩下的就是耐熱玻璃、沒人想要媽媽的皮草外套、她為你保留的漫畫書、大部分被刮傷的唱片、大量的書籍、布品，也許還有一些你打算轉售的瓷器和銀器。

不是所有保存下來的物品都是寶藏。

Chapter 9・儲藏空間 Storage Spaces / 195

你的父親或許是厲害的高爾夫球手，但你也是嗎？

問題在於，即使耐熱玻璃有缺口，唱片也有刮痕，感情仍是真實的。你還記得某次爸爸把唱片放在唱機轉盤上，媽媽則拿出精緻的瓷器，為晚宴擺好桌子，你和兄弟姐妹在樓梯上聆聽笑聲時，成人生活的神奇世界在腳下的餐廳中展開。

　　因此面對龐大繼承物，你甚至考慮搬家，儘管你喜歡現在的房子和鄰居，但是只要你能擁有更多的空間，比如有個更大的地下室，或是步入式的大閣樓，甚至另一個車庫，也許你就可以把所有東西收在那裡。

　　這時你就會意識到，為什麼近年來的個人倉庫服務如此蓬勃，才有空間放置龐大的物品。

　　我們很樂意協助你將這筆錢留在銀行帳戶中。假設你現在三十五歲，預計會活到八十五歲，縱使一個月只花二千元租用倉庫，你至少也要花一百二十萬去保管這些物品（而實際上你會不自覺地花掉數百萬元甚至更多）。我們確定你的繼承人更想擁有這筆錢，而不是你一直儲藏在某個倉庫裡的物品。

　　我們的建議是，**不要將整理視為「丟東西」，而是練習「減少持有的物品，無論留下什麼，讓物品發揮作用」**。對於整理的恐懼很常來自於擔心忘記所愛之人，或以某種不太明確的方式，未珍惜他們曾經珍視的東西。很多人認為這類物品一箱一箱地處理就好，比較有條理，但事實是，直到你能真正親眼看見所有留下的東西，你才清楚知道自己到底擁有什麼，而你才不會想要保留這麼多。

　　假設你的車庫裡有一整面牆都是箱子，而這些箱子來自逝去母親的家，也許可以在某個平靜的時刻，與你的配偶討論，並說你知道這些箱子讓他們受不了，你會嘗試處理這些物品，但是需要一些幫助。這些幫助包括在所需的時間內（可能是整個下午）讓你獨處而不被打擾，不要催促。

準備幾個密封箱,將要「永久保存」的物品打包起來。假如需要,再準備一些報紙、泡棉紙等包裝材料。有些人喜歡連同原來包裝物品的報紙一起留存,因為這是媽媽居住所在地的報紙,上面還有她最初包裝物品的日期。另外,還要準備專用垃圾袋或是舊箱子,丟棄不再保留的物品。

　　如果你擁有一位極具耐心的朋友或配偶,或是孩子,願意陪伴在你身邊,那麼在你試著做出決定的過程中,有個聽眾聽你說說這些物品的故事真的很不錯。如果找不到可以陪你度過這段不知時間有多長的人也不要緊,那就獨自處理吧,你的回憶會一直陪伴著你。

　　在車庫或閣樓騰出足夠的空間,然後開始拆箱,將所有物品都拿出來並依照類別分開放置。請檢視這些物件並問自己:如果只能保留一件東西放在家裡,讓我可以經常看到或使用,那會是哪一件呢?慢慢來,謹慎挑選。一旦你選定了某件物品,想想該把它放在家裡的哪個位置。

　　擁有一件你能經常使用的物品,例如父親書桌上的拆信刀,是一件很美好的事情。你不必在每次整理郵件時都被記憶淹沒,使用拆信刀時能想起父親,反而是件愉快的事。如果你擔心親戚可能想要某樣東西,而且這妨礙了你做決定,只要情感上可以接受,那就問他們同樣的問題:假設可以擁有一件屬於你母親(或父親)的東西,那會是什麼呢?你會驚訝地發現,大家想要的通常是一些沒有金錢價值的東西,可能是母親放在桌上用來放廻紋針的藍色小碗,或是父親的袖扣或零錢包。總之,通常都是一些每天接觸和使用的簡單物件。

　　現在,你已經為自己與他人選好了最珍貴的物品,請將所有不想留下,但對其他人可能有用的物品放入袋子或盒子中。

PRO TIP
採用透明收納箱,更能快速找到物品

我們偏好採用透明的收納箱,而且是密封的,針對閣樓、地下室和車庫等各種儲藏空間都是如此。這些收納箱上必須明確地貼上精準的詳細資訊,說明裡面有哪些物件,這樣尋找特定的物件時才不會浪費時間。將不同類別的箱子放在一起,例如節慶裝飾品、轉贈物品、兒童玩具和永久保存物品,以後你才能更輕鬆地快速找到物品。

把水晶杯從閣樓取出來，放在你可以享受的地方！

Chapter 9・儲藏空間 Storage Spaces / 199

舊玩具可以在孩子的房間裡擁有新生活。

處理時，將所有已有污漬、破損或太髒而無法清潔的物品放入垃圾袋中。花點時間將捐贈物品放上你的車，也把幾袋垃圾移到垃圾區。

完成這些步驟後，重新執行這個過程，從剩下的等待分類的物件中，再選擇一件。實際上，現在你已經選擇兩件了，因為你在第一輪選擇時保留了一件。讓你的情感以完全相同的方式引導你。選擇那件會令你想起所愛之人的珍貴物品，接著想想這個特別的物件要放在你家裡的什麼地方。

如果家裡沒有展示或使用這些物品的空間，並且你考慮將它包裝起來，放入「永久保存」密封箱中，請明白自己保留這件物品的目的，只是為了保留它而已。有時儘管我們永遠不會使用這些物品，但在生活中擁有它，並且確切地知道它在哪裡，也能帶來安慰。將這個物件包裹起來，放入收納箱，然後再次檢視所有剩餘的物品。

花點時間祝賀自己，你已經完成很多了。雖然閱讀這篇文章，並思考如何清理繼承物品只需要幾分鐘，但實際完成這些步驟，可能需要數小時或數天。不用擔心這些，比起這些箱子在你的車庫、閣樓或地下室所待的那幾年時間，幾個小時又算什麼？

根據實際需要，將這些步驟執行幾輪。如果到了某個階段，你已經不想繼續清掉任何東西時，請開始將物品收進「永久保存」箱中，不要只是在標籤上寫上「媽媽的物品」，請列出內容物清單，例如「媽媽的東西：小銀飾、藍色茶杯、八本書、兩副手套、黑色手提包」。將收納箱放在日常生活中不會看到，但是能確切知道位置的地方。閣樓和地下室後方的空間非常適合放置此類收納箱，車庫也沒問題，但假如家裡比較潮濕，請尋找另一個地方。把錢花在密封良好的優質收納箱上，並盡可能地不要放在地板上。現在這是你的珍貴收藏，你不會希望它被高溫、濕氣、老鼠或蟲子毀掉。

案例：瑪麗的故事

減量的決定

在我們見到她之前，瑪麗已經從她養兒育女時所住的寬敞家庭公寓，搬到了現在的套房公寓。她找了一家搬家公司來收拾所有漂亮的家具、餐具、書籍、藝術品，以及所有她認為以後孩子們可能有一天會想要的物品。在決定收納預算時，瑪麗選擇沒有空調控制的倉儲間來「省錢」。我們受僱為她檢查倉庫，並將物品的照片發送給她的家人，看看他們想要什麼，那時瑪麗已經有一段時間沒去倉庫了。而當我們打開儲物箱時，立刻就發現出了問題。在某個時間點，大量的濕氣進入了儲物櫃；多年累積下來，濕氣毀壞了許多物品。軟墊家具已經無法修復，甚至許多木製家具都變形了，有些藝術品也發霉了。這些物品不是無價之寶，但對瑪麗與她的家人來說具有意義，結果大部分現在都成了垃圾。我們為她感到心碎。從那時起，我們就把這種事情謹記在心，並提醒客戶。

其他一切：運動器材、園藝工具、季節性物品和戶外裝備

現在，最艱難的工作已經完成了，再找一天處理舊自行車和玩具（以及被刺破的泳池浮球，還有破損的羽毛球拍）似乎容易多了。

一如既往，將所有物品各自分類，再繼續分成小類別。收集破損和無用的物品，並放入垃圾袋或垃圾箱中，同時也整理好可捐贈的物品。與帶有情感的繼承物品相比，這些東西所附加的情感少一些，比較容易處理。

記住，井然有序的地下室、車庫或閣樓才能支持家庭生活，房子的收納區域如果功能良好，家中的其他部分就更容易運作。

對於那些必要留下的東西，現在是時候檢查這些物件的最佳時機。就像是，節慶裝飾品收在層架上時不必看起來很完美，但是在儲藏之前，應該先確定你是否想要保留全部。

分區就是維持良好收納空間的祕訣。

做自己喜歡的事時，
你喜歡使用什麼？

Chapter 9・儲藏空間 Storage Spaces / 203

工具

　　我們建議在工具的儲存之處進行整理，因為工具通常都又小又重。如果擁有大部分工具的人對此感興趣，一旦車庫或地下室的其他物品都處理完畢，可以回到那裡，將工具全都拿出來，在地板上將同類的物件放成一堆。

　　對於不常使用工具的人來說，與經常使用工具的人一起進行分類，可能是一個令人抓狂的經歷，因為他們總是會說這個工具或那個螺絲非常棒、不能丟棄，而你卻無法反駁（因為他們往往是對的）。

擁有大量工具的人通常認為自己隨時準備好解決問題，他們既有高度意願又有能力，所以丟掉或捐贈他們可能需要的工具，會讓他們感到不安。此外，父親的鐵錘對他來說也可能具有情感價值。在這種情況下，整齊、貼有標籤的儲物箱未必是正解。對於喜歡完美秩序的人來說，會覺得這裡很凌亂，但這不一定是個錯誤。雜亂的工作台只是另一種存放物品的方式，如果它讓你感到困擾，請盡量將你的視線遠離。

你的隨身工具包裡不需要收納你所有的工具。

讓儲藏空間
順利運作的方法

　　分類和清理後，將收納箱中的物品放回原處，並根據需要貼上詳細標籤。此時，你可能需要再購買幾個收納箱，或者可以重複使用已清空的收納箱。可以的話，請試著扔掉紙箱。紙箱的防潮性較差，而且小動物喜歡紙板，這會導致裡面的物品最終可能損壞。

　　現在，你可以把所有要收納在車庫、閣樓或地下室的東西，規劃、擺放在適當的位置。可以為收納箱準備層架，或安裝附有掛鉤的牆面收納系統，用來懸掛梯子、腳踏車、泳池泡棉棒與各種運動器材。將大多數物品放置在遠離地板的地方，有助於提升儲存空間的使用效率與管理便利性。

　　我們也建議在手機上保留每個空間內物品的清單，拍下收納箱標籤，這樣就能輕鬆知道物品在哪裡，以及使用後如何歸位。

如果收納箱的色彩符合相關的節慶，會更容易找到需要的物品！

破除流言

「如果擁有更多收納空間，一切都會變好，
我會更快樂？」

　　擁有更多的收納空間，只是在你的生活空間裡增加更多你不想要的東西。收納本身通常充滿了延遲的決定，擁有的收納空間越多，強迫做決定的動力就越少。擁有更多空間和更快樂的真正祕訣是少買東西，並珍惜對待你所保留的每件東西。

/ column /

在儲藏空間的「充分擁有」
理念實踐哲學

以聰明的收納方案保護你的財產。

收納空間

　　就這些儲藏空間來說，透明的密封收納箱最適合不過。但如果你已經有很多彩色塑膠收納箱，可以繼續使用並加上詳細的標籤。之後，如果需要更多收納箱，選擇高品質、防潮的收納箱，能讓收納品質更上層樓。這種箱子附有緊密貼合的蓋子，可以防範風雨和動物、蟲子造成的毀損，並且箱子堆疊起來時，蓋子也不會塌陷。

　　如果你家有足夠的空間（或是需要更多空間！），堅固的層架是一項很棒的「有意識的投資」。假如你的收納箱並非高品質，那麼將地板上的所有箱子都放上層架，才能妥善保護你的財產。

　　每到換季時，最好檢查所有季節性工具與機器是否達到「用心維護」的目標。夏季結束時，請確保園藝工具清理乾淨，水管正確存放，割草機刀片上的草和碎片也都清除掉了。所有戶外家具都以不易損壞的方式被妥善對待。

環保點子

　　打理好儲藏空間，尤其是車庫，之後，你會更享受自己家的庭院。我們最好的建議是，利用整理出來的空間打造一個環保的庭院，種植可以吸引傳粉者的花朵，添加一兩個餵鳥器，甚至可以種植一些蔬菜！一旦你能快速找到小鏟子，並且可以輕易取用水管，園藝就會成為一項輕鬆的消遣，而不是令人緊張、煩躁的苦差事。

維護方法

　　我們建議每年對所有儲藏空間進行一次清理，我們通常安排在秋天整理車庫、春天整理閣樓、冬天整理地下室。

　　此時，你可能會認為我們所做的就只是整理！老實說，年復一年的過去，我們花在整理上的時間越來越少，因為現在，我們已經相當精簡，而且保持良好的整理習慣，甚至可以快速地整理完這些大區域。我們希望你也能擁有這樣的狀態！打造井井有條、易於管理的居家空間，讓你能有時間做自己喜歡的事。

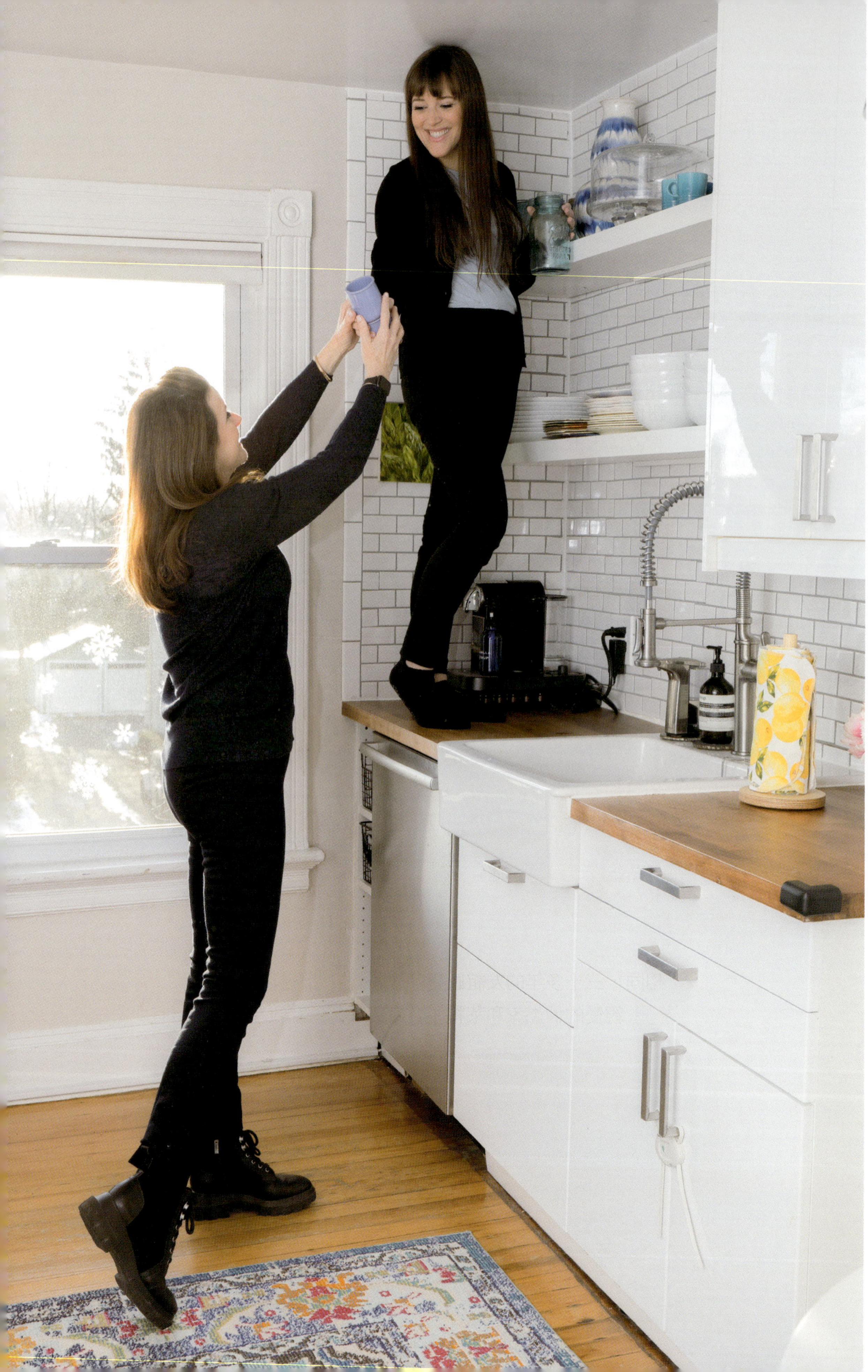

致謝

凱特——妳為我做的太多了，妳是我認識的人當中最勤奮的，並且總是興高采烈。我不敢相信多幸運擁有這樣的女兒。

馬克——我永遠記得你的犧牲：離開家鄉，搬到我定居之處。謝謝你每天以我們需要的方式支持我和凱特，沒有你，我們永遠不可能完成這本書。

NB——關於每份電子表格、每次編輯以及每次關於如何建立與經營企業的對話，感謝你的精確、耐心和友善。

致我的母親朱迪伯納，拿起支票簿支持一家規模不大、陷入困境的企業需要勇氣，我們永遠感謝你在我們起步時所給予的支持。在你給予我的一切裡，最令我感激的是，我能夠擁有世上最棒的手足。年復一年，我的姊妹賈姬巴倫、瑪麗喬麥克尼利和梅格科特，還有我的兄弟喬伯納德，以及他們的另一半、子女和孫子女，對我來說變得越來越重要。

約翰——當凱特打電話說她遇到一位特別的人時，我完全沒想到你將會為我的生活帶來巨大的快樂。事實上，你與傑克、哈德森——成為不可分割的組合，如同魔法般奇妙。而至於詹姆斯和查理——我從來沒有想到我對孫子們會產生如此深厚的愛意。無論如何，你們幾個男孩的存在，讓一切看起來輕鬆自然。

雪兒——沒有你我就會迷失方向。

亞曼達——少了我們每週的通話，我的生活和我的事業將會大不相同，三十多年的友誼感覺就像才剛開始一樣。

親愛的伯杰家和萊特福特家親友，以及我在澳洲的所有朋友——我希望將來有更多的時間旅行，與各位共度時光。

最後，致史蒂夫與謝琳——對我們所有人來說，生活並不總是如我們所想像，但我很自豪能稱你們為朋友，感謝你們所有的支持。

愛你們的，安

獻給我的母親、最好的朋友兼商業夥伴，大家都覺得我們花那麼多時間在一起很妙，但我也不會有其他選擇。正是因為你讓我在這麼美好的環境中成長，我才會希望幫助其他人實現同樣的目標，而這一切都歸功於你。

約翰——我在剛開始創業時認識你，你一直支持我的每一步，從聽我發洩到一起撕掉髒地毯，你總是在我身邊。你是最好的丈夫與父親，如果沒有你，我就不會成為今天的我。

詹姆斯和查理——我的小瘋子們，謝謝你們總是逗我笑，你們給了我人生目標，我全心全意地愛你。

提克——謝謝你總是在我們無法回家的時候代替我照顧孩子，感謝你所做的一切。

爸爸和謝琳——我確信有時表面上這看起來很可怕，但無論如何你們都支持我，謝謝你們相信我並始終支持我。

尼克，我最好的夥伴——你不只是很棒的兄弟，更是很棒的朋友。應該是你對 Done & Done Home 的最初願景點燃我們心中的火苗，而你令人驚嘆的電子工作表則使我們保持正軌。

致其他美好的家庭——伯杰一家、伯納德一家、斯特吉爾斯家和貝洛斯家——感謝你們在這段旅程中的所有支持。

傑克和哈德森——一直以來，你們都對本書成書感到興奮不已，現在終於成真了！從Done & Done Home 成立之初，你們就認識我了，希望看到這項事業的發展，能讓你們知道一切都可能。

吉兒——如果我能選擇一個人一起經歷共同撫養孩子這件瘋狂的事，那一定會是你。謝謝你給我空間，讓我也能愛你的孩子。

嫁到帕夫洛夫斯基家族真是件幸運的事——你們一直以來都熱情好客，還有姐夫保羅，謝謝你在多年前就看好 Done & Done Home。

對於來到我生命中的朋友，我深感謝意。在過去超過十年的時間裡，大部分的時候我都不太出現，我為了事業成長投注了一切心力，而儘管如此，你們仍然陪在我身邊，我愛你們。

愛你們的，凱特

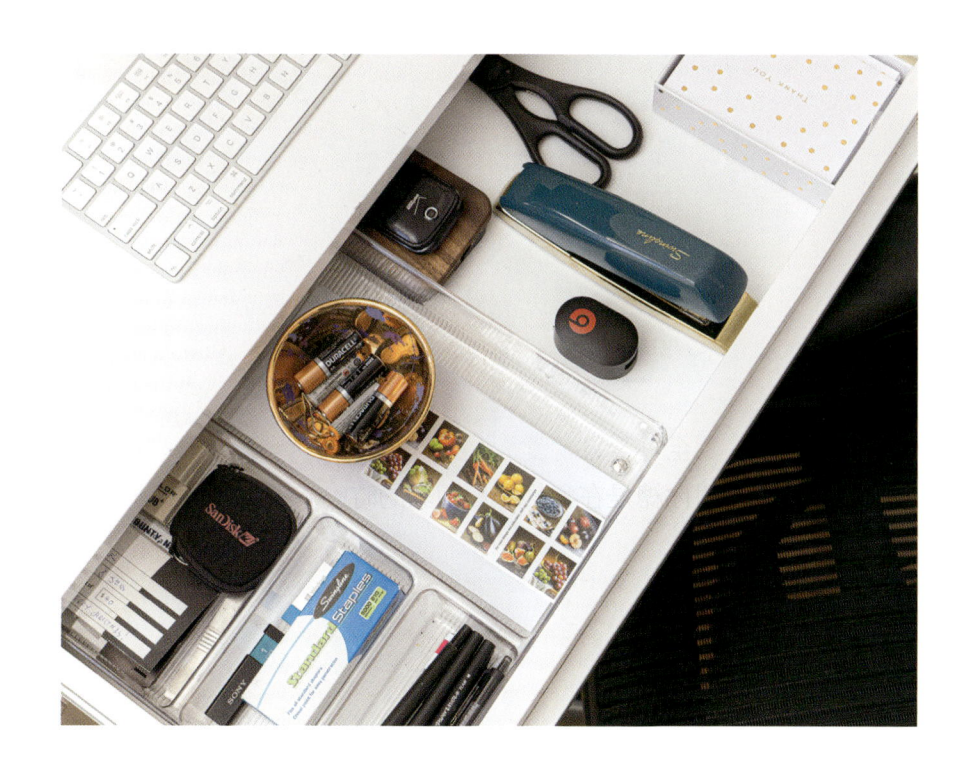

少了他人的奉獻、支持與指引，Done & Done Home 不可能像這樣成長。要是沒有我們的團隊，我們不可能成功。

　　居家整理並不總是美好，它可能是一項混亂、骯髒、耗費心力的任務，但是各位每天都帶著微笑前來，全心全意地幫助客戶。感謝最初的五位成員——麥基、梅根、麗莎、路易絲和艾琳——感謝你們在我們仍在學習發展事業的過程中，一直與我們在一起。感謝新團隊成員靜、蓋兒、史蒂芬妮、茱蒂、梅若迪絲、艾咪、席薇和蘇珊的加入。麗莎、勞倫和布列塔尼——感謝你們為公司業務而辛勤努力。梅里，如果沒有你我們會怎樣？從五年前，你和安通話的那一刻起，你就相信我們，如果沒有你，我們的公司將截然不同。感謝我們的智囊梅格，謝謝你總是接住我們瘋狂的點子，並轉化為美麗的文字，並成為我們的頭號支持者。

　　我們的夢想是建立一家讓母親們可以一邊照顧家庭，一邊繼續工作的企業，保有做生活中重要事物的時間，而不須為另一件事而犧牲，因為各位的努力讓這個夢想成為現實。

致 Done & Done Home 的守護神茱蒂・達勒姆・史密斯──在我們開業第一個月時，你就邀請我們到斯特里布林演講，一切從那裡開始。

致仍與我們保持聯繫的初期客戶，感謝你們這些年來對我們的支持──簡、史蒂芬、瑪莉貝斯、海斯、雪柔、派翠西亞、梅瑞斯、西妮、凱瑟琳、黛安和瑪莉。

致 Liffey Van Lines 的基蘭・麥克安德魯──謝謝你一直以來都支持我們，並為我們的客戶提供世界上最好的服務。

致 Junkluggers 的朗・愛普斯坦──我們很高興多年前與你共進午餐！如果沒有 Junkluggers 的協助，Done & Done Home 肯定會一團糟。

因為整理並不全然那麼有趣，也並非扮家家酒遊戲，感謝我們的朋友暨會計師馬克・斯通，你教會了我們許多知識，即使我們的財務數字總是讓你徹夜難眠，你也從未離開。

致 Selfassembled Coaching 的格倫・葛蘭特──感謝你的信任，並教我們大人物都如何創業。直到遇到你，我們才知道有多麼需要你，如今我們無法想像在沒有你的情況下發展事業。

致優秀的攝影師茱莉亞・達歌史汀諾，和你一起工作本身不只是一種快樂，更是絕對專業。感謝威利、梅里、簡、瑪莉貝斯、梅根、史帝夫和謝琳，讓我們在你們美麗的家園中拍攝。

感謝我們的經紀人，沃爾夫文學的雷・艾森曼，我們將這本書的想法寫在願景板上時，感謝你從宇宙深處聽見我們的呼喊，並且第二天就打電話來。你在整個過程中提供了出色的指導，我們深深感謝你的才華、幽默和友善。

致我們Chronicle在編年史的團隊──卡拉・貝迪克、潘蜜拉・吉斯瑪和蘿拉・瑪澤──謝謝各位允許我們寫出自己想寫的書，並讓此書變得比我們想像的更美好。

愛你們的，安和凱特

國家圖書館出版品預行編目（CIP）資料

居家空間整理全書：打造系統化環境，重整收納出你夢想中的家！/安萊特福(Ann Lightfoot), 凱特波洛斯基(Kate Pawlowski)作.
-- 初版. -- 新北市：臺灣廣廈有聲圖書有限公司, 2024.09
　　面；　公分
譯自：Love your home again
ISBN 978-986-130-636-0(平裝)

1.CST: 家庭佈置 2.CST: 空間設計

422.5　　　　　　　　　　　　　　　　　　　　　113012269

居家空間整理全書
打造系統化環境，重整收納出你夢想中的家！

作　　　者／安萊特福 Ann Lightfoot 　　　　　凱特波洛斯基 Kate Pawlowski	編輯中心執行副總編／蔡沐晨 編輯／陳宜鈴
譯　　　者／談采薇	封面設計／林珈仔・內頁排版／菩薩蠻 製版・印刷・裝訂／皇甫・秉成

行企研發中心總監／陳冠蒨　　　　　線上學習中心總監／陳冠蒨
媒體公關組／陳柔彣　　　　　　　　數位營運組／顏佑婷
綜合業務組／何欣穎　　　　　　　　企製開發組／江季珊、張哲剛

發　行　人／江媛珍
法律顧問／第一國際法律事務所 余淑杏律師・北辰著作權事務所 蕭雄淋律師
出　　版／台灣廣廈
發　　行／台灣廣廈有聲圖書有限公司
　　　　　地址：新北市235中和區中山路二段359巷7號2樓
　　　　　電話：（886）2-2225-5777・傳真：（886）2-2225-8052

代理印務・全球總經銷／知遠文化事業有限公司
　　　　　地址：新北市222深坑區北深路三段155巷25號5樓
　　　　　電話：（886）2-2664-8800・傳真：（886）2-2664-8801
郵政劃撥／劃撥帳號：18836722
　　　　　劃撥戶名：知遠文化事業有限公司（※單次購書金額未達1000元，請另付70元郵資。）

■出版日期：2024年09月
ISBN：978-986-130-636-0　　　版權所有，未經同意不得重製、轉載、翻印。

Copyright © 2022 by Ann Lightfoot and Kate Pawlowski.
All rights reserved. No part of this book may be reproduced in any form without written permission from the publisher. First published in English by Chronicle Books LLC, San Francisco, California.
This edition arranged with Chronicle Books LLC
through Big Apple Agency, Inc., Labuan, Malaysia.